全球能源互联网发展合作组织

能源—气候—生物多样性协同治理

主　编　辛保安

中国电力出版社
CHINA ELECTRIC POWER PRESS

本书编委会

主　　编　辛保安

副 主 编　刘泽洪

编　　委　伍　萱　程志强　李宝森　管秀鹏

编 写 组　万　磊　沙彦超　侯　宇　饶　赟
　　　　　胡　波　原琛琛　许寒冰　徐鹏飞
　　　　　段　琨

前言

生物多样性是人类赖以生存和发展的重要基础，是关乎人类和地球福祉的重要议题。保护生物多样性是世界各国政府、企业、全社会的共同任务。2022年12月，联合国《生物多样性公约》第十五次缔约方大会通过了《昆明—蒙特利尔全球生物多样性框架》（简称《昆蒙框架》），设立了到2050年的4个长期目标和到2030年的23个行动目标，历史性地决定设立"框架"基金，推动各缔约方全面有效落实《昆蒙框架》，促进2050年实现"人与自然和谐共生"的美好愿景。

从全球范围看，造成全球生物多样性破坏的主要原因可归结为栖息地破坏、生物资源过度消耗、气候变化、环境污染、生物入侵等五个方面。不合理的能源发展方式是导致上述问题不断加剧的重要因素，化石能源长期大规模开发利用产生大量温室气体和有害物质，造成气候变化、环境污染，严重威胁全球生物多样性，亟须开辟一条既满足人类生产生活能源电力需要，又能最大限度保护生态环境的创新发展道路。加快能源绿色低碳转型，减少化石能源使用，能够有力促进全球在21世纪中叶实现碳中和，极大减缓和消除化石能源开发利用对生物多样性的破坏，实现能源—气候—生物多样性协同治理。

全球能源互联网是清洁主导、电为中心、互联互通、多能协同、智慧高效的新型能源体系，是推动能源转型、应对气候变化、促进生物多样性保护的系统方案。构建全球能源互联网，将彻底改变经济社会依赖化石能源的发展方式，有力推动能源生产清洁化、能源消费电气化、能源配置高效化，有效解决能源供给、气候变化和生态环境等问题，为各缔约方共同应对气候变化、保护生物多样性开辟新道路、注入新动能。

全球能源互联网作为促进世界能源转型与可持续发展的系统方案，得到国际社会广泛认同，已纳入联合国落实《2030年可持续发展议程》和《巴黎协定》等工作框架，连续六年入选联合国可持续发展高级别政治论坛政策建议报告，写入联合国政府间气候变化专门委员会第六次评估报告等成果文件。**联合国秘书长古特雷斯**称赞，构建全球能源互联网是实现人类可持续发展的核心和全球包容性增长的关键，对落实联合国《2030年议程》和《巴黎协定》至关重要。**联合国气候变化框架公约秘书处**表示，构建全球能源互联网代表了世界能源转型趋势，是实现《巴黎协定》目标的极佳工具。**联合国生物多样性秘书处**表示，全球能源互联网填补了气候变化与生物多样性协同治理的空白，为全球生物多样性保护提供了全面平衡、有力度、可执行的行动方案。

全球能源互联网发展合作组织（简称合作组织）致力推动世界可持续发展，围绕能源绿色低碳转型、电力清洁高效发展等方面深入开展了大量研究，形成全球及各大洲能源互联网研究展望、清洁能源资源开发投资两套"1+6"规划体系，面向全球发布 80 多项创新成果。在此基础上，进一步深化能源电力与气候环境、生物多样性等可持续发展问题研究，近年来相继发布《全球能源互联网落实联合国〈2030 可持续发展议程〉行动计划》《破解危机》《全球碳中和之路》《全球能源包容公正韧性转型——方案与实践》《生物多样性与能源电力革命》等系列重要报告。2024 年，合作组织研究完成《能源—气候—生物多样性协同治理》报告，系统分析能源与气候、生物多样性间的内在联系和作用机理，首倡以能源转型应对气候变化、保护生物多样性的新理念新思路，为推动能源—气候—生物多样性协同治理提供了可操作、可实施、可复制的一揽子解决方案。报告共分为 4 章：

第 1 章　阐述能源、气候、生物多样性三者之间的相互作用关系，揭示了以化石能源为主导的传统能源发展方式是导致气候变化和生物多样性丧失的重要影响因素。

第 2 章　论述以能源转型应对气候变化、保护生物多样性的必要性，阐述以全球能源互联网推动世界能源变革转型的总体思路和实施路径，并从促进全球碳减排、减少栖息地破坏、助力生态修复等方面，剖析全球能源互联网对应对气候变化、保护生物多样性的全局性促进作用。

第 3 章　围绕就地保护、迁地保护和生态修复等三个方面，提出电力工程建设中保护生物多样性的 11 项重要措施，并介绍了采取上述措施的典型案例和实施成效，为各方开展相关工作提供参考，搭建了从目标到行动的桥梁。

第 4 章　从政策、资金、技术、合作、行动 5 个维度，提出推动能源—气候—生物多样性协同治理的 16 项政策建议，提升工作系统性、整体性和协同性，推动各方共同保护生物多样性。

希望报告能为联合国生物多样性公约秘书处、各国政府制定政策和规划提供参考，为相关企业和生物多样性保护机构推进工作提供借鉴，为促进实现全球碳中和目标、扭转生物多样性丧失趋势、构建地球生命共同体贡献一份力量。合作组织愿与社会各界一道，携手推进能源—气候—生物多样性协同治理，共同开创人与自然和谐共生的美好未来！

目录

前　言

01

能源、气候、生物多样性
的内在联系

工业革命以来，化石能源大规模开发利用，极大促进了生产力的发展，但也带来严重的生态破坏。化石能源在开发、加工、转换和使用等各环节产生大量的温室气体和有害物质，加剧气候变化，导致大气、淡水、土壤、海洋环境污染，引发生物栖息地破坏和碎片化，对生物多样性造成威胁。深刻认识能源、气候、生物多样性的内在联系，对于推动三者协同治理、实现《巴黎协定》《昆蒙框架》目标至关重要。

能源与气候、生物多样性的内在联系

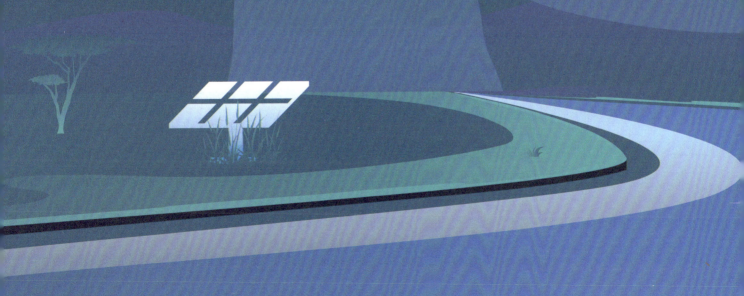

1.1

能源与气候变化

气候变化是由大气中温室气体不断积累造成的。 温室气体允许太阳短波辐射透过，又阻止从地表和大气向地球外发射长波辐射，导致地气系统吸收与发射的能量不平衡，额外能量在大气中不断累积，造成地球温度持续上升，如图 1.1 所示。据世界气象组织统计，2023 年，全球平均气温与工业革命前相比升高 1.4℃左右。《京都议定书》中规定了六种温室气体，包括二氧化碳（CO_2）、甲烷（CH_4）、氧化亚氮（N_2O）、氢氟碳化物（HFCs）、全氟化碳（PFCs）、六氟化硫（SF_6）。

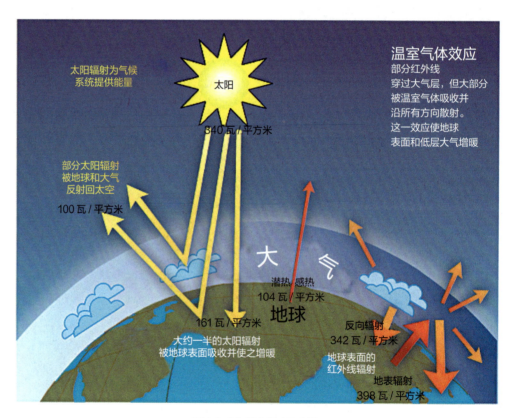

图 1.1 大气温室效应示意图

化石能源燃烧排放的二氧化碳是温室气体的主要来源。 二氧化碳排放占全球温室气体排放量比重约为 75%，处于主导地位；与化石能源相关的二氧化碳排放量约占全球二氧化碳排放总量的 86%[1]，如图 1.2 所示。由此可见，解决好化石能源排放问题对于应对气候变化具有决定性作用。

---

[1] 资料来源：联合国环境规划署. 2020 年排放差距报告. 2020.

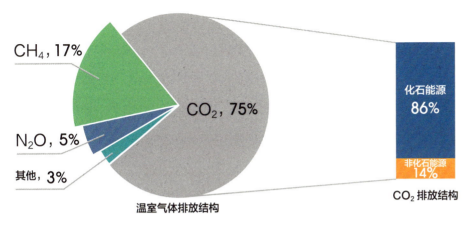

温室气体排放结构 CO_2 排放结构

图 1.2 全球温室气体及 CO_2 排放结构

专栏 1-1   全球碳排放主要来源 [1]

2019 年，全球温室气体排放量达到 524 亿吨二氧化碳当量；化石能源利用产生 390 亿吨二氧化碳，约占全球温室气体排放量的 75%，约占全球二氧化碳排放量的 86%。

分部门来看， 能源、工业和交通消耗了大量化石能源，是二氧化碳排放的主要行业。2019 年，能源、工业和交通部门碳排放量分别占全球总量的 41% 和 20%、14%。

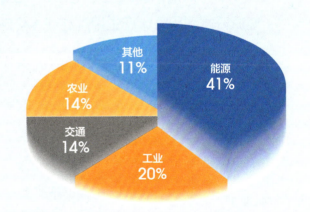

2019 年全球不同行业 CO_2 排放占比

---

[1] 资料来源：联合国环境规划署. 2020 年排放差距报告. 2020.

分能源品种来看，各类化石燃料中煤炭碳排放系数最高。燃烧1吨标准煤当量的煤炭、石油、天然气分别产生大约2.77吨、2.15吨、1.65吨二氧化碳。2015年，煤炭在世界一次能源消费中占比28%，但却产生了45%的二氧化碳排放❶。

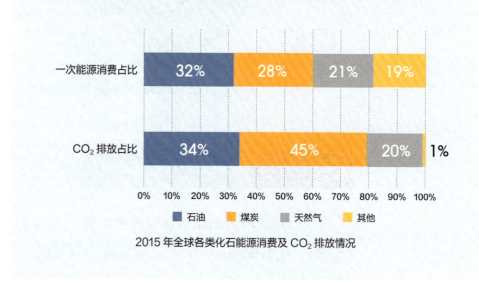

2015年全球各类化石能源消费及 CO_2 排放情况

化石能源开发利用每年产生甲烷约 1.1 亿吨

化石能源开发利用排放大量甲烷。甲烷是瓦斯的主要成分，是仅次于二氧化碳的第二大温室气体，占全球温室气体排放量的17%。化石能源开发利用每年产生甲烷约1.1亿吨，是甲烷的主要排放源之一❷：

① 天然气生产、加工、储存、传输和分配过程中，有约8%的甲烷会散发到大气中。

② 形成煤炭、石油的地质作用会产生大量甲烷，在煤炭、石油开采阶段向大气释放。

③ 化石燃料不完全燃烧也会产生甲烷，化石燃料用于发电、供热或用作汽车燃料时都会排放一定量的甲烷。

④ 化石能源开发利用加剧全球气候变化，导致冻土融化加速、山火频发，可能导致大气中的甲烷浓度进一步增加。

---

❶ 资料来源：国际能源署. CO_2 Emission from fuel combustion 2017. 2017.
❷ 资料来源：联合国，https://news.un.org/zh/story/2021/05/108368.

1.2

气候变化与生物多样性

根据 1992 年联合国环境与发展大会上通过了《生物多样性公约》定义，生物多样性是指地球上所有生物体，这些来源包括陆地、海洋和其他水生生态系统及其所构成的生态综合体，包含物种多样性、生态系统多样性和遗传多样性。**物种多样性**指不同群落中物种数量和丰度的多样性，是衡量区域内生物资源丰富程度的重要指标；**生态系统多样性**指全球或特定区域内陆地和水生生态系统的多样性，包括山地、森林、海洋、湖泊、河流、湿地、草地以及沙漠等，影响物种的生理、生活及分布格局等；**遗传多样性，**指生物种群内和种群间遗传物质即基因的多样性，包含地球上所有生物遗传变异的总和。

联合国环境规划署、世界自然基金会等国际组织大量研究表明，栖息地破坏、生物资源过度消耗、气候变化、环境污染、生物入侵是影响生物多样性的主要影响因素。其中，气候变化是继生物栖息地破坏、生物资源过度利用之后，导致生物多样性丧失的第三大影响因素，全球 14% 生物多样性丧失现象与气候变化密切相关 [1]。随着全球变暖和全球总降水量持续增加，预计在未来 50~100 年内，气候变化将超过栖息地破坏、生物资源过度利用等因素，成为生物多样性丧失的最大威胁 [2]。

全球气温上升影响物种分布。全球变暖导致很多动植物分布地带向低温或高山地区转移。研究表明，陆地物种以每十年平均 17 千米的速度向两极方向移动，而海洋物种则以每十年 72 千米的速度向极地迁移或潜往更深的海域 [3]，如图 1.3 所示。但由于大部分植物物种无法快速改变其地理范围，将导致大量树木和草本植物枯萎或物种灭绝。

---

[1] 资料来源：IPBES－IPCC. Co－sponsored workshop report on biodiversity and climate change [R]. IPBES secretariat & IPCC secretariat，2021.

[2] 资料来源：Sintayehu DW (2018) Impact of climate change on biodiversity and associated key ecosystem ervices in Africa: A systematic review. Ecosystem Health and Sustainability, 4, 225-239.

[3] 资料来源：Pecl G T, Araujo M B, BellL J D, et al., Biodiversity Redistribution under Climate Change: Impacts on Ecosystems and Human Well-Being, Science, 2017, 355(6332): i9214.

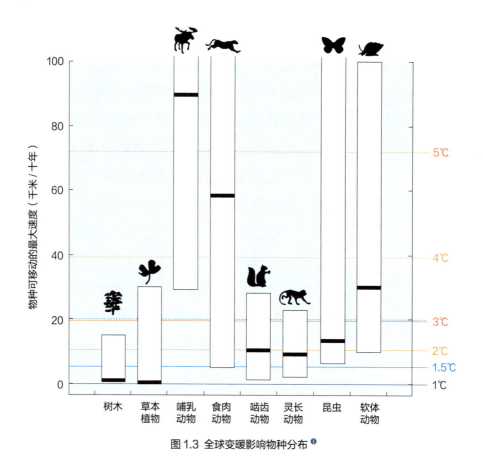

图 1.3 全球变暖影响物种分布 ❶

海洋酸化影响海洋生物多样性。海水溶解更多大气中的二氧化碳,形成碳酸(H_2CO_3),碳酸进一步分解为碳酸氢根离子(HCO_3^-)和氢离子(H^+),导致海洋酸化不断加剧。自工业革命以来 100 多年,海洋表层水 pH 值已从 8.2 下降到 8.1,酸度增加约 30%❷,而此前 2000 多万年来 pH 值的变化幅度仅有 ±0.3。按此趋势,到 2100 年全球海水 pH 值将再下降 0.3~0.4。海洋酸化将导致如贝类、甲壳类等钙质生物分泌的碳酸钙被溶解,给海洋生物生存带来严重威胁,进而破坏整个海洋生态食物链。海水中溶解的碳酸根离子 ❸ 减少还会对珊瑚礁生态系统产生严重影响,在过去的 25 年中,百慕大地区 50%以上珊瑚全部白化,如图 1.4 所示。

冰川消融影响生物生存。高山雪线由于气候变暖持续上移,积雪区面积持续减少,对雪豹、鼠兔等高海拔生物构成威胁。极地冰川消融,一方面造成北极熊、海狮、海豹等极地动物赖以生存的海冰大幅减少,

海洋表层水 pH 值
已从 **8.2**
下降到 **8.1**,
酸度增加**30%**

---

❶ 资料来源:IPCC, Climate Change 2014,New York, USA: Cambridge University Press, 2014.
❷ 资料来源:WMO, Global Climate in 2015-2019, 2020.
❸ 碳酸根离子(CO_3^{2-})是一种碱性离子,可与水中氢离子结合,形成碳酸氢根离子(HCO_3^-)或者碳酸(H_2CO_3),这个过程有助于中和酸性物质,从而表现出碱性特性。

导致其栖息地大幅缩减，使这些动物休息、捕食、繁衍受到严重影响。例如，2001—2010 年间，阿拉斯加和加拿大东北部南波弗特海附近的一个北极熊种群数量下降了 40%，如图 1.5 所示。另一方面，还会导致原本由冰川封存的大量甲烷向大气释放，加速全球变暖和海平面上升。

图 1.4　百慕大珊瑚白化

图 1.5　北极熊受气候变化影响

极端灾害危害农作物和小岛屿生态系统。 近年来，全球飓风、山火、高温热浪等各类极端天气灾害发生频次呈上升态势。国际灾害数据库统计显示，1980 年以来各类天气灾害发生频次接近翻两番。非洲大部分地区受异常干旱影响，导致作物种植区的面积和产量大幅下降 ❶。此外，岛屿物种群往往数量少、地方性强，并且具有高度特殊性，一旦出现暴风雨或大面积山火，更容易面临灭绝风险。2021 年美国加州圣贝纳迪诺县山火如图 1.6 所示。

图 1.6　2021 年美国加州圣贝纳迪诺县山火

❶ 资料来源：WMO, WMO Statement on the State of the Global Climate in 2019, 2020.

1.3

能源与生物多样性

化石能源大规模开发利用会对生物多样性产生直接或间接影响。本节重点讨论化石能源对生物多样性的直接影响；间接影响主要是通过气候变化威胁生物多样性，相关内容已在 1.1 和 1.2 中论述。

1.3.1 化石能源开发利用造成生物栖息地破坏

化石能源开采可能会引发地面塌陷、水土流失、生境片段化等问题，严重破坏生物栖息地，影响地区物种种群生存空间、食物来源等，导致生物多样性丧失。

化石能源开采加剧矿区地面塌陷和水土流失。煤炭开采导致地下形成采空区，使上方岩石、土体失去支撑，引发矿区地面塌陷。据统计，每开采 1 万吨煤炭，会形成约 3000 平方米矿区塌陷地[1]。同时，煤炭开采过程中挖掘地表、堆弃土渣，还会破坏地表植被，使土壤抗蚀指数降低，造成严重水土流失，导致生态环境破坏[2]。

专栏 1-2 中国淮南矿区水土流失

淮南矿区煤炭资源丰富。淮南矿区位于中国华东经济发达区腹地，安徽省中北部，横跨淮南、阜阳和亳州三市，地理位置优越，煤炭资源丰富。煤炭矿区东西长约 70 千米，南北宽约 25 千米，面积约 1600 平方千米，煤炭资源储量 285 亿吨，是目前中国东部和南部地区煤炭资源最好、储量最大的一块煤田[3]。

煤炭大量开采导致水土流失。由于连年开采，矿区塌陷面积达 120 平方千米，约占矿区总面积的 7.5%。土地塌陷使

---

[1] 资料来源：罗开莎，等. 淮南矿区水资源利用研究. 环境污染及公共健康会议，2010.
[2] 资料来源：宋世杰. 煤炭开采对煤矿区生态环境损害分析与防治对策. 煤炭加工与综合利用，2007.
[3] 资料来源：陈永春. 淮南矿区利用采煤塌陷区建设平原水库研究，煤炭学报，2016.

可利用土地面积大量减少，导致水土流失；其次塌陷地区会形成大片积水，积水会侵蚀表土，导致土壤中营养物质耗竭，最终在水中沉淀下来，不仅会造成水污染，而且将引发水资源危机，威胁生物多样性。

中国政府积极开展治理行动。2012 年 9 月，安徽省出台《安徽省皖北六市采煤塌陷区综合治理规划（2012—2020年）》，确立了采煤沉陷区综合治理思路和目标，提出了土地复垦、交通水系治理、塌陷区地下充填治理等举措。2019 年，安徽省淮南市完成废弃矿山治理项目 17 个，治理面积 700 公顷（1 公顷 =1 万平方米）；2020 年，完成 70 个废弃矿山的治理工作，治理面积 2433 公顷。

化石能源开采造成生境碎片化对生物多样性产生负面影响。化石能源开采和运输需要建设大量的道路和管道，形成一道道屏障，会将一大片完整的生物环境区域分割成为面积更小的孤立区域，导致生境片断化，使得动物的活动范围受到限制，影响其觅食、交偶等活动，抑制种群数量增加。

1.3.2 化石能源生产利用各环节造成生态环境污染

化石能源开采利用会产生大量气体、液体和固体污染物，并在生产、运输、转换、燃烧等各个环节，通过大气循环、水循环、地质循环等物质交换过程，扩散到不同生境中，产生区域性或全球性污染问题。

每开采一吨煤约污染
1～1.5
立方米淡水

煤炭生产造成淡水污染。一方面，采煤洗煤产生的酸性矿山排水可能渗入河流中，每开采一吨煤约污染 1～1.5 立方米淡水。另一方面，采煤洗煤产生煤矸石等固体废弃物，约占煤炭产量的 10%～15%，并且煤炭一般采用自然堆积方式贮存，在雨水浸渍、阳光暴晒和风力作用下，可能将其中的污染物带入河流、空气和土地，产生二次污染问题。

南非煤炭储量约为 2057 亿吨，约占全非洲煤炭总储量的 2/3，其中已探明储量约为 587.5 亿吨。南非年产煤炭不仅居非洲之首，在全球也是名列前茅。由于过度进行煤炭开采，流经矿区的奥勒芬兹河（Olifants）成为南部非洲污染最严重的河流之一。河流中由于存在铅、镉等重金属元素，使得鱼类等动物大量死亡。煤炭开采后，固体废弃物堆积不仅侵占耕地，还造成土壤中重金属浓度偏高，导致大量玉米等农作物死亡，造成粮食产量降低并引发粮食危机。

流经矿区被污染的河流

页岩气开发造成土壤和淡水污染。采用水力压裂技术开采页岩气，每 1 亿立方米的天然气产量会产生 30～130 立方米废水。废水中除了含有有害化学添加剂成分，还含有储集岩中浸出的烃类化合物、重金属和矿物盐类，会对土壤、地表水和地下水造成污染。

美国马塞勒斯（Marcellus）页岩气田是目前世界上最大的非常规天然气田。位于东部阿帕拉契亚（Appalachian）盆地，横跨纽约州、宾夕法尼亚州、西弗吉尼亚州及俄亥俄州东部。最新评估报告显示，马塞勒斯页岩气的可开采量为 13.85 万亿立方米，可供全美 20 多年的天然气消费。目前，马塞勒斯气田开采用水量约占宾夕法尼亚州淡水消耗量的 1%，产生的泥浆含有自然形成的盐、有毒的重金属以及从岩石中浸滤出来的放射性物质，如果储存不当，泥浆可能发生泄漏，造成土壤和水污染。

页岩气开采

石油开采造成水、土壤和海洋污染。石油开采过程中产生的废水、废弃泥浆和钻井液中含有的重金属、硫化物等，在长期存储中会逐渐渗漏，污染表层地下水。在石油开采、海上运输等过程中，由于事故、不正常操作等原因，石油会发生泄漏，改变土壤理化特性，造成海洋生态恶化，导致生态环境功能失调，威胁生物生存环境。

专栏 1-5　墨西哥湾"深水地平线"钻油平台漏油事件

2010 年 4 月 20 日，英国石油公司租用的一个名为"深水地平线"的深海钻油平台发生爆炸。随后的 87 天里，大量的石油涌入了墨西哥湾。事故发生后，该水域附近的鱼类种群减少了 50% ~ 80%、珍稀鲸鱼的数量减少了 22%，至少有 80 万只鸟类和 17 万只海龟死亡。墨西哥湾漏油事件是世界历史上最严重的环境灾难之一，造成的环境污染危害持续至今。直到 2018 年，该水域数千种鱼类中仍发现了较高含量的油污

染，其中包括黄鳍金枪鱼、方头鱼和红鼓鱼等人类饭桌上受
欢迎的海鲜，2011—2017 年，该地区黄缘石斑鱼肝脏组织以
及胆汁中的油污浓度增长了 800% 以上。

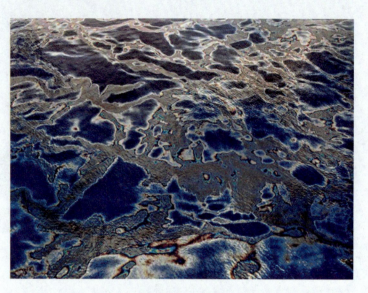

被原油污染的墨西哥湾

化石能源使用造成严重大气污染。 化石能源和生物质燃烧产生了全
球 90% 以上二氧化硫（SO_2）、氮氧化物（NO_x）和 85% 的细颗粒物
（$PM_{2.5}$）。其中，SO_2 和 NO_x 是酸雨的主要成分，$PM_{2.5}$ 以及 SO_2 和
NO_x 生成的二次污染物是雾霾的主要成分。2015 年全球主要空气污染
物构成如图 1.7 所示。

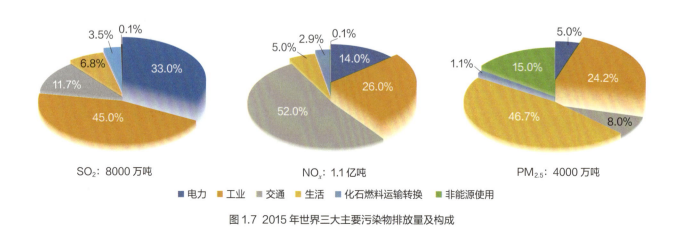

图 1.7 2015 年世界三大主要污染物排放量及构成

　　分行业来看，各类空气污染物的行业占比不同。 其中发电和工业部门的排放量占排放总量的比例分别为 33% 和 45%。全球 NO_x 年排放量为 1.1 亿吨，交通和工业部门的排放量占排放总量的比例分别为 52% 和 26%。全球 $PM_{2.5}$ 年排放量为 4000 万吨，居民生活用能产生约一半 $PM_{2.5}$ 排放。

　　分能源品种来看，各类化石燃料对空气污染产生不同作用。 如图 1 所示，煤炭是 SO_2 的主要排放源，占排放总量约 55%，每燃烧一万吨煤平均产生 100 吨 SO_2。石油是 NO_x 的主要排放源，占排放总量约 70%，每燃烧一万吨石油平均产生 170 吨 NO_x。生物质能初级利用是 $PM_{2.5}$ 的主要排放源，占排放总量约 65%，每燃烧一万吨生物质平均产生 123 吨 $PM_{2.5}$。

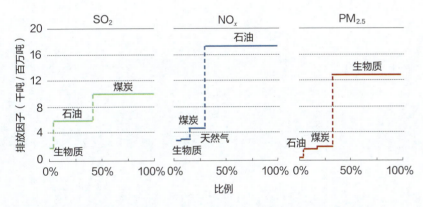

2015 年世界三大主要空气污染物平均排放因子及比例 ❶

---

❶ 资料来源：国际能源署. 能源与气候污染. 2016.

以能源转型应对气候变化、保护生物多样性的系统方案

　　实现《巴黎协定》《昆蒙框架》目标，协同解决气候变化和生物多样性问题，需要统筹考虑大气、土地、淡水、森林、海洋等各个生态系统和能源、经济、社会、环境等相关领域，转变或改变传统发展模式，走绿色低碳发展道路。能源是人类生存与发展的重要基础，当前，以化石能源为主的能源体系在有力促进经济社会发展的同时，也对生态环境可持续发展带来严重影响。加快推动能源转型，改变不合理的能源发展方式，对于应对气候变化、保护生物多样性具有重要作用。全球能源互联网是清洁主导、电为中心、互联互通、智慧高效的新型能源体系，是对传统能源体系全面转型升级，将有力推动能源生产清洁化、能源消费电气化、能源配置高效化，为能源—气候—生物多样性协同治理开辟新道路、注入新动能。

2.1

应对气候变化、保护生物多样性迫切需要能源转型

人类与自然存在对立统一的辩证关系。人类社会是自然界长期发展的产物，人类活动离不开自然界；同时，随着人类社会发展，利用自然、改造自然的能力越来越强，人类为了更好生存和发展，对自然界造成的破坏性影响也越来越严重。需要在正确处理人与自然的关系，尊重自然、保护自然，自觉把人类活动限制在自然资源和生态环境能够承受的限度内，加强在发展中保护、在保护中发展，推动实现人与自然和谐共生。

能源发展方式对气候变化、生物多样性具有重要影响。能源是人类文明进步的重要支柱，事关可持续发展全局，广泛联结包括气候变化、生物多样性在内的所有可持续发展的目标和要素，影响人类生产生活的方方面面。能源活动是人类活动的重要组成部分，科学合理的能源发展方式能够在充分满足经济社会发展需求的同时，又能最大限度降低对生态环境的不利影响，为促进碳减排和生物多样性保护提供有力支撑，形成积极的正反馈效应。但当前，全球能源发展总体以**"高污染、高排放、高耗能"**路线为主，煤油气等化石能源约占全球一次能源消费比重的80%，开发、加工、转换、运输、使用过程中产生大量废气、废水、废渣，燃烧利用排放了全球约70%的温室气体和85%以上的二氧化硫、氮氧化物、细颗粒物，造成温升加剧、环境污染、资源紧张等突出问题，给人类带来气候、资源、健康、自然生态、生物多样性等领域严峻挑战，制约世界可持续发展。

应对气候变化、保护生物多样性亟待加快能源转型。从现实看，过度依赖化石能源的不合理发展方式是导致气候变化、栖息地破坏、环境污染、资源过度消耗等问题的主要因素，如不尽快转变现有能源发展方式，加快全球范围内的清洁低碳转型，预计21世纪末仅能源系统累计二氧化碳排放就可能引发全球温升超过3℃，造成不可逆转的气候灾难，对生物多样性产生毁灭性打击。为破解人类生存发展和生态危机，必须抓住能源这个核心，加快推进能源转型，彻底改变基于化石能源的发展思路和路径，以绿色、低碳、可持续发展为方向，推动建立**"零排放、无污染、高效率"**的新型能源发展模式，从根源解决影响气候和生物多样性的能源发展方式不合理问题，实现能源电力与生态环境协调可持续发展，如图2.1所示。

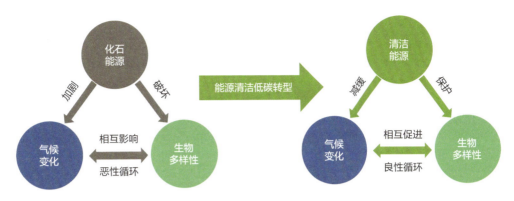

图 2.1 推动气候与生物多样性协同治理亟须加快能源转型

2.2

推动能源转型核心是建设全球能源互联网

面对应对气候变化、保护生物多样性的迫切需要，加快能源转型迫在眉睫。根本途径是遵循从高碳向低碳、从低效向高效、从局部平衡向大范围配置的发展规律，转变能源电力发展方式，构建清洁主导、电为中心、互联互通、智慧高效的全球能源互联网，通过大规模开发各类集中式和分布式清洁能源，就地转化为电能汇入大电网，以光速配置到世界各地和千家万户，建立新型能源生产、配置和消费体系，推动能源发展实现"三大转变"，如图 2.2 所示。

图 2.2 全球能源互联网基本内涵

实现能源生产由化石能源主导向清洁主导转变。以数智化坚强电网为平台，推动太阳能、风能、水能大规模开发，加快替代化石能源发电，摆脱化石能源为主的发展路径依赖，建立以清洁能源为主导、"风光水火储"协同的生产系统，以清洁和绿色方式满足全球能源电力需求的同时，有效保护自然生态，实现能源、气候、生物多样性协调可持续发展。

实现能源消费由煤油气为主向电为中心转变。电能是清洁、经济、高效的二次能源，电能比重每提高 1%，单位 GDP 能耗可下降 3.7%。构建全球能源互联网，将促进工业、交通等领域电能替代，建立以绿色电力为中心、"电氢冷热气"互补转换的消费系统，减少煤、油、气使用带来的排放高、污染高、用能成本高等问题，促进生态和物种保护。

实现能源配置由局域平衡向全球互联转变。改变能源局部消纳、电力就地平衡的传统发展格局，建立以互联大电网为主、氢能及其他品种能源输送网络为辅的配置系统，解决清洁能源资源与负荷分布不均衡问题，统筹全球时区差、季节差、资源差、电价差，加快清洁能源规模化开发和高效化利用，促进全球能源转型和清洁发展。

2.3

全球能源互联网推动能源转型实施路径

构建全球能源互联网，推动能源变革转型是一项巨大的系统工程，需要转变以煤油气为主体的能源发展格局，统筹能源生产、消费、配置等各环节协同发力，打造各类能源转换利用、优化配置和供需对接的枢纽平台，开辟绿色、低碳、可持续的能源发展新道路。

2.3.1 能源生产清洁化

1. 加快可再生能源开发

建设全球能源互联网，清洁能源是根本。重点是在全球范围内大力开发光、风、水等清洁能源资源，大幅提高清洁能源在能源结构中的比例，构建清洁主导的能源发展格局，从源头上消除碳排放。预计到 2035、2050 年，清洁能源占一次能源消费比重分别达到 59%、86%，清洁能源发电装机分别达到 158 亿、284 亿千瓦，占全球总装机比重分别达到 83%、91%。到 21 世纪末，清洁替代将累计减排二氧化碳约 1.8 万亿吨 ❶。

加快太阳能资源开发。全球太阳能资源理论蕴藏量约 150000 万亿千瓦时 / 年，其中亚洲、非洲、欧洲、北美洲、中南美洲、大洋洲占比分别为 25%、40%、2%、10%、8%、15%。太阳能年总水平面辐照量大于 2000 千瓦时 / 平方米的区域主要位于北非撒哈拉沙漠、非洲西南部、亚洲中西部、北美洲南部、南美洲智利北部以及澳大利亚西北部。在这些地区，加快开发 9 个大型太阳能发电基地，如表 2.1 所示，2035 年前，太阳能发电总装机容量达 17 亿千瓦；2050 年前，总装机容量达 38 亿千瓦 ❷。

表 2.1　全球大型光伏基地

项目	光伏基地	年总水平面辐射量（千瓦时 / 平方米）	基地技术可开发容量（亿千瓦）	2035 年装机容量（亿千瓦）	2050 年装机容量（亿千瓦）
亚洲	中国西部基地	1800～2000	15.7	5.5	12.1
	中亚基地	1500～1900	2.4	0.6	1.4
	西亚基地	2000～2200	15.3	4.9	9.8
	南亚基地	1700～2000	13.7	4	10.1
非洲	北部非洲基地	2200～2400	12	0.53	1.1
	南部非洲基地	1800～2200	3.6	0.18	0.43
北美洲	美国南部基地	2000～2200	8.7	0.91	1.77
中南美洲	智利北部基地	2300～2400	22	0.43	1.43
大洋洲	澳大利亚北部基地	2100～2200	1	0.06	0.1
全球大型太阳能基地合计		—	94.4	17.1	38.2

❶ 资料来源：全球能源互联网发展合作组织. 生物多样性与能源电力革命. 北京：中国电力出版社，2020.

❷ 资料来源：全球能源互联网发展合作组织. 可持续发展之路——全球能源互联网落实《2030 年可持续发展议程》行动路线. 北京：中国电力出版社，2020.

加快风能资源开发。全球风能资源理论蕴藏量约 2050 万亿千瓦时 / 年，其中亚洲、非洲、欧洲、北美洲、中南美洲、大洋洲占比分别为 24%、32%、7%、21%、11%、5%。风能资源风速最好的区域主要位于格陵兰岛、北美洲东部、南美洲南部、欧洲北部、非洲北部及大洋洲南部。在这些地区，加快开发 14 个大型风电基地，如表 2.2 所示，2035 年前，风能发电总装机容量 9 亿千瓦；2050 年前，总装机容量 14.9 亿千瓦 [1]。

表 2.2　全球大型风电基地

项目	风电基地	平均风速（米/秒）	基地技术可开发装机容量（万千瓦）	2035 年前装机容量（万千瓦）	2050 年前装机容量（万千瓦）
亚洲	鄂霍次克海基地	6 ~ 7	260000	500	2000
	库页岛基地	6 ~ 7	8900	2500	4500
	中亚基地	6 ~ 7	8100	2600	6000
	中国西部北部基地	6 ~ 7	101000	57700	81100
欧洲	北海基地	10 ~ 12	30000	7800	13300
	波罗的海基地	8 ~ 10	16300	4500	6530
	挪威海基地	10 ~ 12	4800	500	1600
	格陵兰基地	11 ~ 13	3000	1200	1430
	巴伦支海基地	8 ~ 10	8000	1200	3360
非洲	北部非洲基地	7 ~ 9	10900	1000	2000
	东部非洲基地	7 ~ 9	5700	400	1500
	南部非洲基地	7 ~ 9	5600	700	1700
北美洲	美国中部基地	8 ~ 10	79000	6700	15200
中南美洲	阿根廷南部基地	8 ~ 12	35100	4000	8500
全球大型风电基地合计		—	576400	91500	148720

---

[1] 资料来源：全球能源互联网发展合作组织. 可持续发展之路——全球能源互联网落实《2030 年可持续发展议程》行动路线. 北京：中国电力出版社，2020.

加快水能资源开发。全球水能资源理论蕴藏量约 39 万亿千瓦时 /
年，其中亚洲、非洲、欧洲、北美洲、中南美洲、大洋洲占比分别为
47%、11%、6%、14%、20%、2%。全球具备大规模开发条件的河
流主要有中国西南的金沙江、雅鲁藏布江，东南亚湄公河、伊洛瓦底
江，南亚印度河，俄罗斯鄂毕河、叶尼塞河、勒拿河，非洲刚果河、尼
罗河、赞比西河、尼日尔河，南美洲亚马孙河以及北欧挪威、瑞典等国
的一些中小河流。在全球范围加快建设 15 个大型水电基地，2035 年
前，总装机容量 8.8 亿千瓦；2050 年前，总装机容量 13 亿千瓦[1]。
全球各大洲水电基地参见表 2.3。

表 2.3　全球大型水电基地

项目	大型水电基地	基地技术可开发装机容量（万千瓦）	2035 年前装机容量（万千瓦）	2050 年前装机容量（万千瓦）	2050 年开发比例（%）
亚洲	俄罗斯水电基地	14000	5800	10000	72
	中国西南水电基地	42000	21200	29200	70
	中亚水电基地	6000	1800	2400	40
	东南亚中南半岛水电基地	12640	7500	11000	85
	南亚水电基地	18150	11000	17000	94
欧洲	北欧水电基地	12000	9250	10600	88
	土耳其水电基地	8000	3000	6000	75
非洲	刚果河水电基地	15000	4000	11500	77
	尼罗河水电基地	6000	3000	4800	80
	赞比西河水电基地	1600	1000	1500	94
	尼日尔河水电基地	2000	1000	1600	80
北美洲	加拿大西部水电基地	5900	2700	3400	57
	哈德逊湾西部水电基地	1400	1000	1100	77
	拉布拉多高原水电基地	9600	6100	7300	76

[1] 资料来源：全球能源互联网发展合作组织. 可持续发展之路——全球能源互联网落实《2030
年可持续发展议程》行动路线. 北京：中国电力出版社，2020.

续表

项目	大型水电基地	基地技术可开发装机容量（万千瓦）	2035年前装机容量（万千瓦）	2050年前装机容量（万千瓦）	2050年开发比例（%）
中南美洲	亚马孙河水电基地	14000	9400	11400	81
全球大型水电基地合计		168290	87750	128800	76

2. 加快化石能源退出与清洁化利用

协同推进煤油气退出和清洁能源发展，对化石能源投资采取限制措施，削减化石燃料补贴及政策支持，严控化石能源消费总量，推动化石能源需求尽早达峰，并逐步降低化石能源峰值需求，有序淘汰化石能源。预计2050年化石能源占一次能源比重将从2016年的76%降至30%[1]，全球化石能源退出路径如图2.3所示。

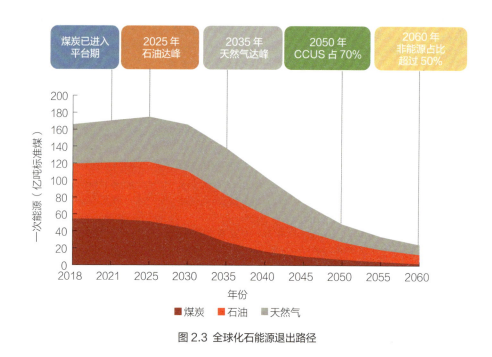

图 2.3 全球化石能源退出路径

加快煤炭退出和清洁利用。 重点推动煤炭行业"减量、提质、增效"发展，大力推行煤炭安全绿色开采，提升生产技术水平和安全保障能力，严控煤化工产能规模和新增煤炭消费量；严格合理控制煤电总量，有序实施煤电机组节能减排改造；大力实施电能替代，加快电

[1] 资料来源：全球能源互联网发展合作组织. 生物多样性与能源电力革命. 北京：中国电力出版社，2020.

能、氢能等替代煤炭消费，减少散烧煤和工业热用煤使用，加大燃煤装置碳捕集与封存应用（CCUS）力度。预计未来全球煤炭消费将逐步下降，到 2050 年降至 6.8 亿吨标准煤，占全球一次能源消费比重下降至 3.5%。

压控油气消费。重点在工业、交通、建筑等领域，大力推广电锅炉、电动汽车、港口岸电、电采暖和电炊具等新技术、新设备，积极发展电制氢、电制合成燃料，加快以清洁电能取代油和气，有效控制终端油气消费增长。预计到 2050 年全球石油消费总量降至 20.5 亿吨标准煤，占一次能源消费比重下降至 11%。随着发展中国家以天然气替代煤炭，预计全球天然气消费总量将在 2035 年达峰，峰值为 55.2 亿吨标准煤，到 2050 年将降至 21.3 亿吨标准煤。

2.3.2 能源消费电气化

1. 推动绿色交通发展

大力发展电动汽车、氢能汽车、绿色航空航运，加快推动交通部门电气化水平提升。到 2050 年，电动汽车和氢能汽车保有量分别达到 16 亿、1.5 亿辆，占全部汽车保有量比重约 75%、7%；交通领域电能、氢能消费量分别达到 12.9 亿、2.5 亿吨标准煤，占公路交通用能比重约 52% 和 10%[1]。

推动电动汽车加快发展。加快大功率电机、高性能锂电池、石墨烯固态电池等核心技术突破，持续提高电动汽车续航里程、缩短充电时间、降低使用成本。加强充电网络规划与城市规划协同，建设布局合理、覆盖广泛、智能高效的充电基础设施网络，促进电动汽车高速发展。预计 2025 年后，电动汽车相较燃油汽车将具备成本优势，新增乘用车大部分转为电动汽车，燃油汽车将逐步退出。

推动氢能汽车加快发展。加快氢燃料电池、可逆式质子交换膜电解槽、高速加氢站等核心技术突破，降低氢能车辆使用成本。推动氢能制备、输送、储存等上下游产业链协同发展，建设数量足够、分布合理、

---

[1] 资料来源：全球能源互联网发展合作组织. 全球碳中和之路. 北京：中国电力出版社，2020.

使用便捷的加氢网络，满足氢能汽车发展需求。预计 2035 年后，氢燃料汽车购置成本与电动汽车相当，在商用车领域实现规模化推广。

推动绿色航运航空发展。提高铁路电气化率，推进高速电气化铁路建设和改造，加快地铁、轻轨等城市轨道交通建设，减少燃油车辆活动量。推动电动船舶、电动飞机，氢动力船舶、飞机研发，加快港口岸电配套设施发展，有序开展示范应用并逐步推广，推动航空航运业绿色低碳发展。

2. 推动绿色工业生产

大力发展电炉炼钢、氢能炼钢、电制原材料，提升钢铁、化工等工业部门电气化水平。到 2050 年，电炉炼钢、氢能炼钢产量将分别达到 12 亿、8 亿吨，占全球钢铁总产量的 46%、30%，成为主流钢铁工艺；化工行业电力消费 3.5 亿吨标准煤，电气化率提升至 16%；电制原材料成为碳氢基化工原材料主要来源，电制氨、甲醇产量分别达到 1.6 亿、3.1 亿吨 [1]。

推动钢铁行业绿色生产。近期，推动大容量、高功率电炉炼钢技术和装备研发，逐步提升能效、扩大产能、降低成本。**中远期，**随着电解氢价格持续下降，大力发展氢能炼钢，加强绿氢价格补贴等政策支持力度，推动核心技术突破，加快示范工程建设，逐步替代传统长流程炼钢工艺。

推动化工行业绿色生产。推动高温热泵、电加热炉等技术装备研发，加快商业化推广，逐步提升电加热及电化学工艺市场份额。推动电加热炉在水泥、玻璃、陶瓷等产业中大规模使用，降低对化石能源燃烧供热的需求。建设高效电解水制氢、大容量二氧化碳加氢制甲烷、甲醇等一体化示范项目，为电制原材料技术商业化应用奠定基础。

3. 推动绿色建筑发展

大力推动采暖、炊事、生活热水等建筑用能领域电能替代，持续提

---

[1] 资料来源：全球能源互联网发展合作组织. 全球碳中和之路. 北京：中国电力出版社，2020.

升空调、家电及照明等电器能效水平，形成绿色低碳的居民生活方式。到 2050 年，建筑领域电能消费增至 34 亿吨标准煤，电气化率达到 68%，智能节能家电普及率达 85%，绿色楼宇改造完成率 100%。

推动电能替代。在欠发达国家和地区，将提高生活电器普及率作为保障现代能源服务的重点举措，出台配套补贴政策，降低购置门槛。推动大功率、高性能电采暖、电炊具、电热水器等技术创新，提高配电网可靠性和智能化水平，满足居民多样化用能需求。大力推广蓄热式电锅炉、热泵等设备，引导利用低谷富余清洁电力蓄能供暖，逐步替代燃煤、燃气采暖。

推动节能增效。支持节能家电、智慧家居领域研发，提高设备能效，并通过补贴、以旧换新、低息消费贷款等优惠政策，促进推广应用。加快楼宇节能改造，采用节能光源，使用变频节能系统控制中央空调、水泵等设备，进一步提升电气设备能效。打造零碳建筑，采用热反射玻璃、低辐射玻璃等外墙、屋顶节能技术和新材料，进一步降低建筑物能耗。

4. 加快绿色氢能发展

氢能是一种来源丰富、绿色低碳、应用广泛的二次能源，具有很强的"灵活性"和"燃料 / 原料属性"，可作为电力的重要补充，在能源转型中发挥深度脱碳、灵活储能、提供原料等作用，成为未来能源系统重要组成。目前，全球可再生能源发电制氢（绿氢）占比不足 1%，化石能源制氢（灰氢）高达 96%。

加快建设绿氢生产基地。综合考虑风光资源禀赋、取水条件、交通运输等因素，在西亚的沙特阿拉伯达曼、哈伊勒等地，北非的摩洛哥扎格、突尼斯等地，南美洲的巴西东北部、智利、阿根廷南部，以及大洋洲澳大利亚西部，建设大型绿氢生产基地，逐步扩大产能、降低成本，保障全球绿氢充足供应。预计到 2050 年，全球绿氢产量可以达到 3.4 亿吨，占比到达 80% 以上，平均生产成本 1~1.5 美元 / 千克，相比灰氢具有经济优势[1]。

---

[1] 资料来源：全球能源互联网发展合作组织. 全球清洁能源开发与投资研究. 北京：中国电力出版社，2020.

专栏 2-1 电制氢用水与海水淡化

随着电解水制氢产业快速发展，水源成为绿氢开发需要考虑的关键因素之一。电制氢理论水耗为 9 千克水 / 千克氢气，考虑到生产过程中的损耗，实际水耗约为 20 千克水 / 千克氢气。到 2050 年，全球绿氢产量每年 3.4 亿吨，耗水量近 70 亿立方米，远低于当前全球年农业用水量的 2.8 万亿立方米、工业用水量的 8000 亿立方米、城市用水量的 5000 亿立方米。

对于西亚、北非、南美智利北部等风光资源丰富但淡水资源不足的沿海地区，可以通过海水淡化获得电制氢的水源。以当前成熟的反渗透法为例测算，海水淡化耗电量约 3 千瓦时 / 立方米，成本一般在 0.5 ~ 1 美元 / 立方米。考虑水的运输成本，以及处理海水淡化所剩浓盐水的成本，电制氢用水成本约为 1.5 ~ 2 美元 / 立方米。按此测算，海水淡化将增加电制氢耗电 0.06 千瓦时 / 千克氢气，仅占电制氢总耗电的千分之一；增加电制氢成本 0.03 ~ 0.04 美元 / 千克氢气，不超过电制氢成本的 2%。

预计到 **2050** 年，全球氢能在终端能源消费中占 **10%** 左右，消费量超过 **4.1** 亿吨

加快推动绿氢终端利用。重点对化工、冶金、交通等难以直接实现电能替代领域实施氢能替代。**工业领域**，化工行业大力发展绿氢合成氨、甲醇、甲烷等燃料和原材料；冶金行业大力发展氢能炼钢，以及为水泥、陶瓷、玻璃等行业高品质供热。**交通领域**，大力发展长续航和高载重的氢能客车、重型货车，以及氢能轮船和飞机。**建筑领域**，利用现有天然气管网设施掺氢，降低取暖、生活热水等方面的碳排放。**发电领域**，大力发展氢燃气轮机、氢燃料电池发电，为电力系统提供灵活性调节及电压支撑等保障。预计到 2050 年，全球氢能在终端能源消费中占 10% 左右，消费量超过 4.1 亿吨。

2.3.3 能源配置高效化

1. 加强电网升级

电网是能源优化配置和供需对接的重要平台，其中，输电网对于提高清洁电力大规模输送、大范围优化配置能力至关重要；配电网对于推动分布式能源发展、促进电能替代、提供综合能源服务等不可或缺。加快能源生产清洁化、能源消费电气化，需要加强输配电网协同规划和建设，在电网配置、运行、服务等方面加快升级突破。

推动输电网升级。加强输电网规划和主网架建设，推动电网规模、电压等级和配置能力全方位提升。加强源网统筹协调，推进能源开发基地与能源输送通道的同步规划、同步建设，保障清洁能源大规模送出。积极探索形成基于虚拟同步机、构网型逆变器等技术的电网控制运行新策略，适应未来清洁能源大规模、高比例并网需要，解决化石能源机组逐步退出后系统的稳定运行问题。

推动配电网升级。根据各地实际情况，差异化规划配电网网架，着重提升配电网弹性韧性，增强自适应能力和运行可靠性。**在负荷密集区**，加强配电网与输电网的有序衔接，适度超前布局站址廊道，提升转供能力；**在电源密集区**，加强配电网的新能源承载力分析，推动分布式电源灵活并网和高效外送，最大限度减少弃风弃光。

2. 加强互联互通

全球清洁能源资源富集地区大多远离负荷中心，相距数百到数千千米。如亚欧非大陆 85% 的水能、风能、太阳能资源集中在从北非经中亚到俄罗斯远东、与赤道成约 45° 角的能源带上，负荷主要集中在东亚、南亚、欧洲、南部非洲等地区。能源资源与需求分布不平衡，需要进行大范围优化配置。同时，风电、光伏发电具有很强的随机性、波动性，只有融入大电网才能高效开发利用。以上两点决定了要大规模发展清洁能源，必须构建以电为中心、全球互联大电网。

构建全球电力骨干网架。基于资源禀赋、能源电力需求和气候环境治理需要，依托特高压、智能电网等先进技术，在建强各国骨干网架和跨国联网基础上，进一步加强洲际联网，构建全球电力大通道，实现多能源跨区外送、跨时区互补、跨季节互济。2035 年，亚洲、欧洲、非洲率先实现跨洲联网，承载跨区、跨洲电力流 3.3 亿千瓦，以各大洲内跨区跨国电力交换为主；2050 年，跨区、跨洲互联通道进一步加强和完善，大型清洁能源基地与负荷中心广泛联接，承载跨区、跨洲电力流 6.6 亿千瓦[1]，形成清洁能源全球开发、配置和使用新格局。

构建全球氢能配置网络。绿氢作为未来能源系统组成部分，需要统筹考虑资源禀赋、基础设施、交通运输等条件，以就地开发利用与大范围输送相结合的方式，加快构建氢能配置网络。在欧洲、北美等天然气管网基础设施较为完善地区，可采用直接管道输氢，并逐步提高天然气管道掺氢比例或部分改造为纯氢管道；在西亚、澳大利亚等清洁能源资源丰富且港口设施发达地区，可采用特高压输电技术输送绿电到用氢中心制氢，并以液氢或氢化物等形式实现氢能跨海输送。预计到 2050 年，氢能实现跨洲及洲内跨区的大范围配置，输送规模约 5000 万吨，占全球氢能总需求的 10%[2]。

专栏 2-2　不同输送场景下的输氢方式

　　不同场景下，绿氢生产与氢能需求之间的输送距离和规模存在很大差异，不同的输送场景决定了输氢技术形式的选择，影响电氢耦合系统中输氢与输电的比例。

　　输送距离 100～200 千米，输送规模不足 5 亿立方米 / 年时，长管拖车输氢具有配置灵活，成本低等优点，是较好的选择；输送规模较大时，交流输电为主、管道输氢为辅是最

---

[1] 资料来源：全球能源互联网发展合作组织. 全球能源互联网骨干网架研究与展望. 北京：中国电力出版社，2019.

[2] 资料来源：全球能源互联网发展合作组织. 全球碳中和之路. 北京：中国电力出版社，2020.

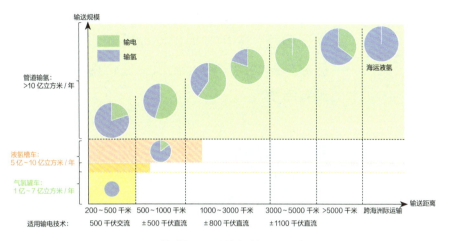

不同输送场景下的输电输氢优化方案

优的方案。

输送距离 200~1000 千米，输送规模不足 10 亿立方米 / 年时，适合采用液氢槽车输氢。输送规模较大时，应采取 ±500 千伏直流输电和管道输氢并举，且随输送距离增加，输电较输氢的经济性优势不断增加。

输送距离 1000~5000 千米，输电技术可选择 ±800 千伏或 ±1100 千伏特高压直流，输氢技术适合选择管道输氢。随着距离的增加，输电相对管道输氢的经济性优势有所提高，增加输电的比例有助于降低 系统综合成本。

输送距离超过 5000 千米时，基于现有输电技术难以实现单一输送，管道输氢则变得更有经济性优势。如果跨海输送，海底电缆和输氢管道的建设成本远高于陆地，而航运成本对距离不敏感，因此，以液氢或者液氨、储氢液体有机化合物等形式海运输氢，是跨海超 远距离输氢的首选。

3. 推动电网数智化发展

数智化是电网高质量发展的支点。无论是适应高比例新能源并网消纳，还是支撑分布式电源、储能等海量调节性资源广泛接入，抑或是推动智慧城市、智慧交通等新技术新业态发展，都离不开"大云物移智链"等先进信息通信技术赋能赋智赋效。

构建能源服务数字化平台。建设网络服务平台，汇集能源价值链的信息流、资金流和业务流，推动多流合一，并逐步推动全业务、全流程覆盖，为用户提供电能检测、能效诊断、智能运维等高质量在线服务，满足用户多元化、个性化用能需求，不断降低服务成本，提高服务质量。

专栏 2-3　中国国家电网有限公司建设运营数字化车联网服务平台

中国国家电网有限公司建设运营全球覆盖范围最广、服务能力最强的车辆网服务平台。截至 2023 年底，该平台接入可启停充电桩超 51 万个，注册用户超 2500 万，覆盖高速公路 5 万余千米，提供站桩导航、即插即充、无感支付、电池安全监测等充电服务，实现"一个 APP 走遍全中国"。依托该平台建设负荷聚合运营系统，将为各类充电设施提供参与绿电交易、需求响应、电网辅助服务市场的渠道。

提升电网智能化水平。依托先进数字技术，建设电网运行智能控制系统，实现电力系统源网荷储等各要素的可观、可测、可控，在电网辅助决策和智能调控等方面利用大工智能技术，持续优化模型和算法，强化智能调控和优化管理，实现安全可靠和稳定高效运行。促进能源与气象大数据融合，增强极端天气适应能力，提升能源系统气候韧性。

构建市场交易数字化平台。建设网络交易平台，为各类市场主体提供广泛、及时、准确的市场信息，保障各类市场主体方便快捷参与统一电力市场。积极探索基于区块链的点对点能源交易机制，不断催生负荷聚合服务、综合能源服务、虚拟电厂等新业务、新模式、新业态，提升市场活力。

2.4

全球能源互联网对应对气候变化、保护生物多样性意义重大

　　气候变化和生物多样性丧失都与过度依赖化石能源的不合理发展方式紧密相关。构建全球能源互联网，将全面加速能源清洁化、电气化、高效化发展，大幅减少能源发展方式不合理给气候环境造成的影响，建立能源—气候—生物多样性协同发展新模式，为改善地球生态带来 11 个维度的综合效益：

①减排温室气体；②减少空气污染；③减少淡水污染；④减少固体废弃物污染；⑤减少生境丧失；⑥减少森林破坏；⑦减少海洋破坏；⑧推动以电代柴；⑨推动电制燃料和原材料普及应用；⑩推动荒漠土地治理；⑪推动海洋生态修复。这 11 个效益将有力促进全球碳减排、治理环境污染、减少栖息地破坏、促进生物资源可持续利用、助力生态环境修复，为应对气候变化、促进生物多样性保护发挥关键性作用，如图 2.4 所示。本节将从上述 11 个维度阐述全球能源互联网对改善全球生态环境的意义价值。

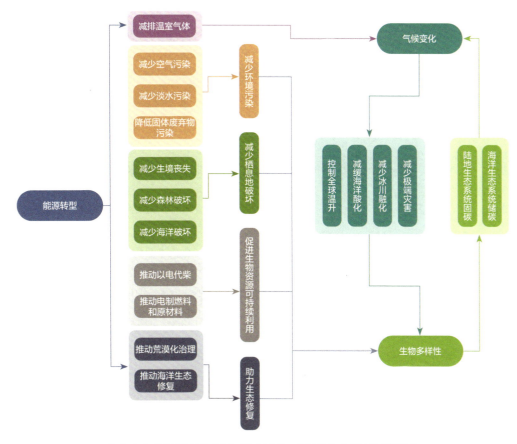

图 2.4　全球能源互联网对应对气候变化、保护生物多样性的促进作用

2.4.1 应对气候变化

构建全球能源互联网，实施大规模清洁替代和电能替代，加强电网互联互通，将推动能源系统加速脱碳，减少温室气体排放，遏制全球气候变化，从而有效减少因全球温度上升、海洋酸化、冰川融化和极端灾害对生物多样性的影响。全球能源互联网减排路径如图 2.5 所示。

控制全球温升。相比现有发展模式，全球清洁能源开发速度和全社会电气化率增速均将提高 1.5 倍以上，到 2050 年全球清洁能源占一次能源比重超过 80%、电气化率超过 60%。全球能源相关碳排放将在 2025 年前后达峰，2050 年左右基本净零。这就能够最大程度保护生物陆地、海洋栖息地受到温度升高的影响，基本保持现有物种分布特征。

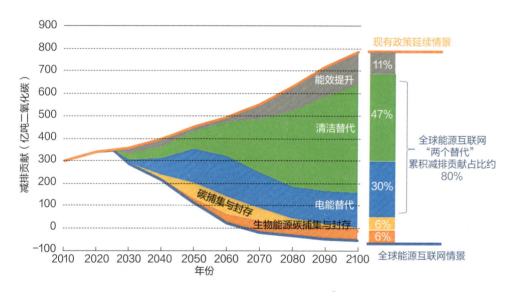

图 2.5 全球能源互联网减排路径 ❶

缓解海洋酸化。全球能源互联网推动能源系统加速脱碳，降低大气二氧化碳含量，有效缓解海洋酸化问题。例如，通过大规模发展港口岸电，可减少船舶停靠期间 98% 的碳排放。到 2050 年碳中和后，可抑制海水 pH 值进一步下降，使已经提高 30% 的海水酸度依靠自身调节

❶ 数据来源：全球能源互联网发展合作组织. 破解危机. 2020.

逐渐恢复化学平衡，消除珊瑚礁等多种海洋生物和海洋生态系统面临的巨大威胁。

减少冰川融化。 构建全球能源互联网，能够将全球温升控制在 2℃ 以内，有效减少全球冰川融化，避免南极、北极和喜马拉雅冰川生态系统遭到更为严重的破坏，同时全球海平面上升幅度也能够得到有效控制，最大限度减轻对极地生态系统的影响，以及因海平面升高导致的沿海陆地生态破坏。

减少极端灾害。 农业、小岛屿生态系统物种数量少，生态脆弱，特别容易受到气候变化的影响，一旦出现干旱、洪水、风暴、火灾和病虫害等极端天气，容易发生大规模死亡甚至灭绝。全球能源互联网解决了气候变化问题，就能够稳定并逐步减小全球极端灾害发生的频次和概率，从而减少对农业、小岛屿生态等方面的影响。

2.4.2 减少环境污染

到 **2050** 年全球每年将减排二氧化硫 **2.5** 亿吨、氮氧化物 **2.4** 亿吨、可吸入颗粒物 **1.4** 亿吨，排放水平较目前下降 **70%**

减少空气污染。 人类对化石能源的严重依赖和大量消耗，向大气排放了过量二氧化硫、氮氧化物、细颗粒物等污染物，造成酸雨、毒雾、雾霾等空气污染，对动植物造成巨大危害。构建全球能源互联网，能够大幅减少化石能源带来的大气污染，到 2050 年全球每年将减排二氧化硫 2.5 亿吨、氮氧化物 2.4 亿吨、可吸入颗粒物 1.4 亿吨，排放水平较目前下降 70%，全球空气质量和生态环境得到有效改善。

减少淡水污染。 由于不合理的能源和工业生产活动，人类向江河、湖泊排放了大量有害废水，对水生动植物及淡水生态构成严重威胁。构建全球能源互联网，能够显著减少化石能源开采、运输、使用全过程废水排放，到 2050 年，因化石能源开发利用产生的工业废水、化学需氧量、氨氮排放量与目前相比将下降 60% 以上，大幅减少淡水污染，河流湖泊得以有效保护。

减少固体废弃物污染。 固体废弃物会对土壤、淡水、海洋造成严重污染，影响生物多样性。构建全球能源互联网，一方面，能够从根源上减少煤矸石、粉煤灰、煤泥、碱渣等化石能源利用相关废弃物对土壤造成的污染；另一方面，能够加快生物质发电规模化发展，促进稻壳、秸秆、沼气、木材废料、垃圾等固体废弃物回收利用，到 2050 年，垃圾焚烧发电装机规模超过 2 亿千瓦，每年处理垃圾 26 亿吨，固体废弃物污染得到有效治理。

专栏 2-4 生物质能发电

　　生物质能源是太阳能以化学能形式储存在生物质中的能量形式，即以生物质为载体的能量，由二氧化碳和水通过植物光合作用合成，充分燃烧后又生成等量的二氧化碳和水。因此，生物质能源是全生命周期零碳排放的可再生能源。现代生物质能源是通过先进生物质转换技术生产出固体、液体、气体等高品位的燃料，利用方式多样。生物质可直接燃烧应用于炊事、室内取暖、工业过程、发电、热电联产等，也可通过热化学转换形成生物质可燃气、木炭、化工产品、液体燃料（汽油、柴油等）等，分别用于替换天然气、煤炭及交通燃油。生物质能源与碳捕集与封存技术（CCS）联合应用，将使生物质碳捕集与封存（BECCS）具备二氧化碳负排放能力，成为加速碳减排的重要技术方案。

　　2018 年，全球生物质产量达到 18.9 亿吨标准煤，占总能源生产量的 9.2%，其中居民生活、发电供热、工业生产、交通运输、商业服务、农业林业领域用生物质分别达 96 亿、3.0 亿、2.9 亿、1.3 亿、0.4 亿、0.2 亿吨标准煤。2020 年，全球可再生能源发电装机容量达到 28 亿千瓦，其中全球生物质能发电装机达到 1.3 亿千瓦，约占整个可再生能源发电装机容量的 4.6%。

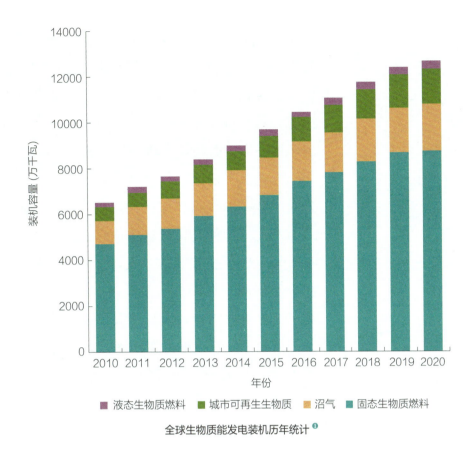

全球生物质能发电装机历年统计 ❶

2.4.3 减少栖息地破坏

减少生境丧失。资源开发和基础设施建设会对生态环境产生负面影响。提高土地资源利用效率、增强基础设施环境友好性是破解挑战的关键。构建全球能源互联网，将生物多样性保护融入能源电力发展规划、建设和运营各个环节，能够显著提高资源开发效率，降低能源利用对生物栖息地影响。预计到 2050 年，可避免全球 40% 以上的鸟类物种、60% 以上的两栖动物灭绝，有效保护生物多样性 ❷。

📋🔍 **专栏 2-5   巴西美丽山水电特高压直流送出二期工程环境评估**

美丽山水电特高压直流送出二期项目线路经过"地球之肺"亚马孙雨林地区、巴西利亚高原及里约丘陵地带；跨越亚马孙流域、托坎廷斯河等五大流域 863 条河流，生态体系

---

❶ 数据来源：国际可再生能源署官网，https://www.irena.org/bioenergy.
❷ 数据来源：全球能源互联网发展合作组织. 破解危机. 2020.

复杂、地形多变、人文差异大。热带雨林中往往一棵树上就附生数十种植物，凡是独有稀缺的物种都要进行"移植"。巴西环境保护法有 2 万多条，被认为是世界上环保法规最多的国家，审批程序繁杂，批复条件极其严格。美丽山二期项目的环评堪称"史上最严环评"。

为确保工程建设符合环境保护相关要求，中国国家电网公司团队在沿线森林深处选取多个区域，连续一整年在雨林地区对动植物种类、数量等信息进行详细观察和记录；用半年时间完成了土著部落、人口、经济、教育、医疗、交通等社会经济调查和评估；在沿线 10 个城市召开环评听证会 11 场，充分听取当地政府机构及沿线民众对环评影响评估的意见；完成环境调查报告和环境影响诊断评估报告达 56 卷，提出地理环境保护、动植物保护及疟疾防控等 19 个方案。最终经过 25 个月的环境评估，美丽山二期项目设计方案最终在2017 年 8 月通过了巴西"史上最严格"的项目环评，实现工程建设与生态环境和谐统一。

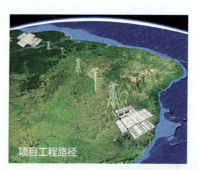

项目工程路径

线路环境保护

变电站环境保护

巴西美丽山水电特高压直流送出二期工程环境保护

减少森林生态破坏。森林是陆地最具生物多样性的生态系统，为地球上超过 80% 的动植物和昆虫提供了栖息地。近年来，受气候变化、环境污染、人为砍伐影响，全球森林生态遭到严重破坏，导致以森林为栖息地的物种加速灭绝。构建全球能源互联网，将大幅减少化石能源开发，有效控制气候变化和环境污染，到 2050 年将减少 64%~86% 的二氧化硫和 56%~84% 的氮氧化物排放，如图 2.6 所示，极大缓解气候变化和酸雨对森林生态系统的影响。

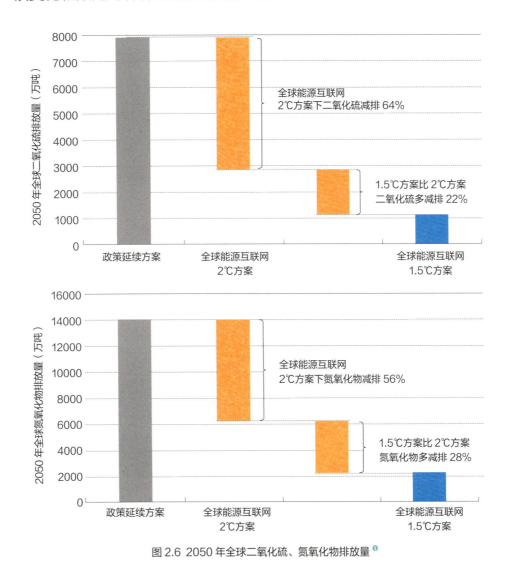

图 2.6 2050 年全球二氧化硫、氮氧化物排放量 ❶

减少海洋生态破坏。海上石油泄漏、沿海电厂热污染、二氧化碳排放导致的海洋酸化等化石能源带来的环境问题严重影响海洋生态系统。构建全球能源互联网，将促进以清洁能源替代化石能源，以电力贸易替代石油贸易，为各国经济社会发展提供源源不断的清洁电力，推动海上石油开发和运输逐步退出历史舞台，保护海洋生态系统，促进人类与海洋和谐共生。

---

❶ 图表来源：全球能源互联网发展合作组织. 破解危机. 北京：中国电力出版社，2020.

专栏 2-6　中国能源互联网助力保护海洋生态

沿海地区通常为经济发达、人口众多的用能负荷中心，历来分布着众多滨海火电厂、核电站，由于电厂冷却需要向海洋排放了大量废热，对海洋生态造成严重威胁。截至 2023 年底，中国成功投运"十九交二十直" 39 个特高压工程，将中国西部和北部地区清洁能源发电源源不断送至东部沿海地区，跨省跨区输电能力达 1.8 亿千瓦，全年送电量超过 3 万亿千瓦时，相当于节约东部沿海电厂建设 1.7 亿千瓦，大幅减少能源电力行业对海洋的热污染，为保护中国东部沿海生态系统作出积极贡献。

2.4.4　促进生物资源可持续利用

推动以电代柴。当前，全球仍有 6.85 亿人无法用上电，21 亿人仍依靠木质燃料烹煮食物[1]。缺乏清洁烹饪燃料和现代电力设施令非洲、南亚等地区的数亿居民不得不把砍伐森林作为获取燃料的主要途径。构建全球能源互联网，能够以清洁、经济的方式解决无电人口用电问题。到 2050 年，全球电能普及率将接近百分之百，度电成本降低 40%，人人可获得负担得起的、可靠和可持续的现代能源，大幅减少森林砍伐，保护森林资源。

推动食物保鲜设备普及应用。在世界某些国家和地区，由于缺电或用不起电，冰箱、冷库等制冷保鲜设备设施无法普及应用，食物难以保存，导致食物大量浪费，增加人类对于生物资源的消耗。构建全球能源互联网，能够为这些国家提供清洁、经济的电力供应，促进制冷保鲜设备普及，促进对生物资源的节约利用。世界粮农组织研究报告显示，如果发展中国家的制冷设备应用水平与发达国家相当，发展中国家约 25% 食物浪费总量可以避免[2]。

2.4.5　助力生态修复

推动土地荒漠化治理。光伏、光热等清洁能源发电设备能够减缓地

---

[1] 数据来源：https://news.un.org/zh/story/2023/07/1119682.

[2] 数据来源：国际粮农组织，How Access to Energy Can Influence Food Losses.

表风速，减少降水冲击和土壤水分蒸发，防止荒漠过快扩张。据测算，建设 100 万千瓦生态光伏，每年可减排二氧化碳约 120 万吨，防风固沙面积可达 4000 公顷，相当于植树 64 万棵，生态效益显著❶。构建全球能源互联网，在轻度荒漠化地区，同步开展清洁能源开发和荒漠化治理，将打造绿色低碳的人工生态系统，推动土地荒漠化治理。

📋 专栏 2-7 中国内蒙古光伏治沙

中国内蒙古自治区达拉特旗的库布齐沙漠，是中国第七大沙漠，总面积约 145 万公顷，流动沙丘约占 61%。库布齐沙漠拥有丰富的太阳能资源，年均日照超过 3180 个小时，发展光伏产业得天独厚。

2017 年 12 月，当地政府投资 37.5 亿元人民币在沙漠边缘地区建设 50 万千瓦的光伏电站。该项目于 2017 年 12 月并网发电，至 2019 年底累计发电量达 8.1 亿千瓦时，实现产值 2.8 亿元人民币。2019 年 6 月，中国国家能源局确定在当地再建设一个 50 万千瓦光伏电站。二期项目建成后，将与一期项目连成一体，成为中国最大的沙漠集中式光伏发电基地和世界最大的光伏治沙项目。

中国内蒙古库布齐沙漠光伏项目

推动海洋生态修复。 构建全球能源互联网，将加快港口岸电、电动船舶等技术装备发展，推动绿色港口、智慧港口、海上风电建设，到 2050 年，全球海上风电装机容量将达到 2 亿千瓦，带动相关产业发展，为绿色海洋经济发展打造新引擎。依托充足清洁电力，将促进遥感卫星、无人机、海面站、岸基站、灾害预警为一体的海洋立体生态监控网络体系建设，提高海洋生态保护能力。

---

❶ 资料来源：https://www.sohu.com/a/295484536_263319.

02

能源电力工程建设中保护
生物多样性措施

生物多样性是人类赖以生存的物质条件。保护生物多样性是国际社会各界的共同责任。在过去的几年里，全球越来越多的能源电力企业将生态优先、绿色发展的理念融入企业发展基因，将生物多样性保护融入能源电力工程规划、建设、运营等各个环节，深入探索能源电力发展与不同生态系统的和谐共生之路。从全球能源电力企业推动生物多样性保护的成功实践看，主要采取就地保护、迁地保护、生态修复等三类措施。本章梳理总结相关具体举措，为各利益攸关方推动能源—气候—生物多样性协同治理提供借鉴参考，搭建从目标到行动的桥梁。

3.1

就地保护

就地保护指在原有的自然条件下，对生态系统和自然栖息地以及存活种群的保护。电力工程中，实施就地保护主要包括在输电线路铁塔上搭建人工鸟窝、架空线路改为入地电缆、水电站建设鱼类洄游通道、减少沿海火电冷却水直接排海、为生态科研基地提供绿色电力供应等具体措施。

3.1.1 搭建人工鸟窝

在高原草原地区，一些大型珍稀猛禽喜欢择高而居，但这些地区通常缺乏高大树木，又高又稳的输电杆塔成为筑巢首选。但这些珍稀猛禽衔来的铁丝、木棍等筑巢材料，却容易引发线路跳闸，部分鸟类因高压电击等受到伤害或死亡。为有效避免事故发生，部分电力企业采用在输电线路铁塔上搭建人工鸟窝、招鹰架等措施，给鸟类正常的活动和休息提供更多选择，防止鸟类在输电线路架空导线上休息停留，保护鸟类免受高压电击的伤害。

📋 **专栏 3-1　在输电线路铁塔上搭建人工鸟窝**

三江源保护区位于青藏高原腹地，是中国面积最大、世界高海拔地区中生物多样性最集中的自然保护区，大型鸟类如老鹰、鹰隼、金雕等在此栖息。2011—2016 年，青藏联网、玉树联网等工程相继投运，大电网逐步延伸到青海三江源国家级自然保护区。为防止当地鸟类停留栖息和筑巢威胁生命安全，中国国家电网青海电力公司在青藏联网工程 ±400 千伏柴拉线（青海段）共安装人工鸟窝 168 个、安装鸟窝托架 20 个、安装栖鸟架 46 个，成功引鸟筑巢 56 窝，孵化幼鸟 138 只；在青海玉树、果洛藏族自治州鸟类活动频繁的 10 千伏及 35 千伏输电杆塔上，共安装人工鸟窝 3280 个，运维过程中发现 570 个鸟窝有栖息筑巢痕迹，成功引鸟筑巢 242 窝，孵化幼鸟 436 只，有效保护了三江源自然生态保护区鸟类的良性发展，同时也让因鸟类导致的线路跳闸次数同比下降98%。

输电铁塔上安装人工鸟窝

3.1.2 架空线路入地

解决电力设施与野生动植物生存空间的矛盾是生物多样性保护的重点难点。例如，架空线路建设运行占用土地，挤压野生动物栖息地，一些区域还会出现地面结块、水土流失等问题。为此，部分电力企业在生态资源富集区或自然保护区，将原有架空输电线路改造为电缆入地，不仅能保留原有地貌环境，减少对野生动物栖息地的干扰，还能提高电网的安全可靠水平。

专栏 3-2　将架空输电线路改造为电缆入地

盐城地处中国东部沿海，拥有世界上面积最大的泥质潮间带湿地、规模最大的辐射沙脊群，是候鸟迁徙的关键区域，有近20个物种被列入《世界自然保护联盟》（IUCN）物种红色名录。中国国家电网有限公司江苏省电力有限公司在海上风电项目并网过程中，实施了自然保护区、湿地公园内电力设施迁出与入地改造项目，采用电缆隧道穿过保护区地块，保留原有地貌环境，保护近千亩候鸟栖息地，维持其不受人类活动影响。目前已观测到震旦雅雀、青头潜鸭等17种珍稀鸟类回归栖息。

将输电线路改造为电缆入地

3.1.3 建设鱼类洄游通道

鱼类一般通过洄游更换不同时期的水域，以满足对不同时期繁衍生息条件的需要。例如，有些鱼类会周期性地在上游和下游之间来回移动，从下游游到上游进行产卵，在产卵结束后又回到下游，对于鱼群种族具有举足轻重的影响。为畅通鱼类洄游通道，部门电力企业在水电建设运营过程中，通过鱼梯、升鱼机等方式帮助鱼类洄游，助力珍稀鱼类繁衍，保护了坝区附近的水生态。

📋🔍 **专栏** 3-3　**水电站建设鱼类洄游通道**

朱克坦河（Juctan River）位于瑞典北部。20 世纪 60 年代开始，朱克坦流域修建了多座水电站，鲑鱼、鳟鱼等鱼类洄游活动受到干扰。同时，水电站下游的水文环境也发生改变，影响鱼类和水鸟生存。瑞典 Vattenfall 能源公司作为水电站经营者，2016 年启动了朱克坦河流域生态恢复项目，对水电站进行改造，建设鱼类洄游通道，保障鲑鱼、鳟鱼能够回到上游产卵，产卵区得到有效恢复；同时，该公司还改变了水电站大坝的水量调节模式，使下游流量更趋近水坝修建前的季节分布，最大限度减少对鱼类栖息地破坏。

3.1.4 减少火电冷却水排海

全球很多沿海火电厂在运行过程中，将冷却水简单处理后，直接排放到就近海域，造成附近海水升温，影响当地海洋生态系统。为避免温升带来的海洋生态破坏，部分电力企业采用烟塔、冷却塔"双塔合一"技术，大幅降低机组冷却水用量，有效减少海水温升，具有良好的环保价值和经济效益。

专栏 3-4　土耳其胡努特鲁采用"烟塔合一"技术

土耳其胡努特鲁（Hunutlu）电厂位于土耳其阿达纳省尤穆尔塔勒克市，电厂毗邻的沙滩是濒危动物绿海龟的产卵地。每年 5—9 月的海龟保护季，绿海龟来到这里的沙滩上产卵。为了保护这一珍稀濒危物种，不影响其产卵繁殖，土耳其胡努特鲁电厂将全厂一次循环冷却水方案优化为"烟塔合一"二次循环冷却水方案，排水量降至一次循环方案的 1.7%，海水取水点后退 1000 米，排水温升由原来的 7℃降到小于 1℃，大幅减少了对海洋生态的影响。

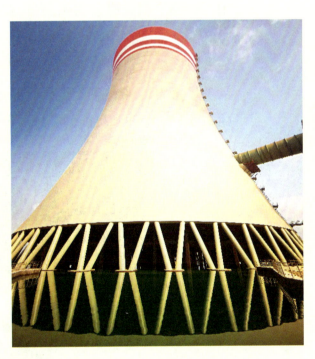

土耳其胡努特鲁火电厂烟塔和冷却塔合一技术

3.1.5　供应绿色电力

全球许多濒危物种仅在深山密林、边缘海岛或自然保护区等地生存，从事生物多样性保护的研究人员常年在此类人烟稀少之地开展观察和研究。在此过程中所用到的招引、监控、科研设备，以及保护地研究人员日常的工作、生活，都需要充足的电力供应。但偏远地区往往是电力设施建设最为薄弱的区域，在研究与保护过程中经常会遇到因断电导致设备停运，或因电压不稳导致设备受损等情况，物种保护工作也因此受到制约。为解决上述问题，部分电力企业以珍稀物种的主要栖息地为保护对象，通过在栖息地及周边建设绿色电力供应系统，为开展生物多样性保护相关研究、实践工作提供可靠清洁电能，提升生态系统多样性、稳定性、持续性。

专栏 3-5 构建零碳微电网 打造全绿电科研基地

　　金丝猴属中国国家一级保护的濒危珍稀动物。为更好保护金丝猴，当地政府在金猴岭栖息地设立了野外研究基地，专门跟踪、考察和研究野外川金丝猴活动规律并实施救助。中国国家电网有限公司湖北省电力有限公司在研究基地建立"光伏+储能"微电网，对基地生产、生活进行全电气化改造，最大限度减少科研基地对金丝猴栖息地的影响。经过保护人员多年努力，神农架金丝猴种群数量由自然保护区成立之初的 500 余只增加到目前的 1300 余只，30 年增加了一倍多。

"零碳"金丝猴科研基地

3.2

迁地保护

迁地保护是对就地保护的补充，指为保护生物多样性，把因生存条件不复存在，生存和繁衍受到严重威胁的物种迁出原地，移入动植物园或濒危动物繁殖中心，进行特殊保护和管理。电力工程中，实施迁地保护主要包括建立珍稀鱼类保护中心、开展珍稀濒危植物保护公益项目等具体措施。

3.2.1 建设珍稀物种保护中心

为减少水电工程对珍稀鱼类及水生生物的影响，部分电力企业在政府部门指导下，与生物保护科研单位共同建立珍稀物种保护中心，对施工占地及水库淹没影响到的珍稀植物实施迁地保护，对于难以适应环境变化的珍稀鱼类迁移至保护中心进行保护，并由专业人员加强管护。

> **专栏 3-6　建设珍稀物种保护中心**
>
> 　　长江是世界上水生生物多样性最为丰富的河流之一，水生生物 4300 多种，其中鱼类 424 种，特有鱼类 183 种。三峡水电工程建设期间，中国长江三峡集团公司积极筹划开展中华鲟等长江珍稀特有鱼类保护研究工作，建成长江流域珍稀鱼类保育中心，相继攻克中华鲟繁育及放流、人工合成催产剂催产、大规格苗种培育、全人工子二代繁育等多项"世界首个"技术难题，并成功繁育圆口铜鱼、长薄鳅等珍稀鱼类 20 多种；同时，还建成长江流域特有珍稀植物园，迁地保护珍稀植物共 1300 余种 2.9 万株，首次在华中低海拔地区实现珙桐开花结果，成功攻克疏花水柏枝种子人工繁殖以及荷叶铁线蕨孢子体不增殖、原叶体不分化等技术难点，孢子体增殖率达 100%，原叶体分化率达 90% 以上。

珍稀物种保护中心繁育中华鲟

珍稀物种保护中心保护培育荷叶铁线蕨

3.2.2 开展珍稀濒危植物保护公益项目

能源电力工程涉及土地占用和基础设施建设，通常会对周围的自然环境和生物多样性产生不良影响，有些工程占地区域内甚至存有一些珍稀植物和古树名木。为保护工程区域内的珍稀植物，部分电力企业发起设立濒危植物保护公益项目，委托专业机构勘探工程区域外适合珍稀植物生长的地区并进行移栽，或者与周边林场等机构合作，移栽至永久营地进行保护。

专栏 3-7 珍稀濒危植物保护公益项目

阳蓄抽水蓄能电站（装机容量 120 万千瓦）位于中国广东省阳江市，紧邻植物种类极为丰富的鹅凰嶂省级自然保护区，电站建设过程中调查发现国家Ⅱ级重点保护植物猪血木、紫纹兜兰和石仙桃等珍稀濒危野生植物。中国南方电网有限责任公司组织实施珍稀濒危植物保护公益项目，委托鹅凰嶂自然保护区科研技术团队，经过实地考察，发现阳蓄抽水蓄能电站下库坝坝后区域生态环境良好，适合移栽猪血木。2023 年，坝后猪血木回归种植 2100 株，成活 1900 株，成活率 90%。

成功移栽的珍稀野生植物猪血木

3.3

生态修复

生态修复指利用大自然的自我修复能力，在适当的人工措施辅助下，恢复生态系统原有的保持水土、调节小气候、维护生物多样性等生态服务功能。电力工程中，实施生态修复主要包括开展光伏治沙、推动煤矿区生态修复、水电站增殖放流、恢复珊瑚礁生态等具体措施。

3.3.1 开展光伏治沙

全球干旱、半干旱区的面积约占陆地总面积的 41%。由于特殊的气候条件和地理区位，相比湿润和半湿润地区，干旱区生态系统结构更为简单、脆弱，开展生态修复更为困难。为此，部分电力企业积极实施光伏治沙工程，将光伏发电和沙漠治理相结合，以光伏电站建设运行增加清洁能源供给，以沙漠生态治理工程配套实施改善生态环境，产生良好的节能减排和生态治理效益。

专栏 3-8 阜新市彰武县光伏治沙工程

阜新市彰武县地处中国辽宁省西北部地区、科尔沁沙地南部，位于温带季风气候与大陆性气候过渡带，气候干燥，年降水量 300 ~ 500 毫米。数据显示，彰武现有沙化土地总面积约 200 万亩（1 亩 = 6.6667×10^2 平方米），防风治沙形势严峻。中国华能集团有限公司在该地投建了光伏复合治沙示范项目（装机容量 50 万千瓦），在光伏板下及阵列之间采用"生态 + 特色农业"模式大力推行"板上发电、板下修复、板间种植"，通过"以光锁沙"实现对荒漠化土地治理。

（a）光伏建设前

（b）光伏建设后

阜新市彰武县光伏治沙工程

3.3.2 推动煤矿修复

　　煤炭作为重要的能源资源，在全球经济社会发展中发挥了不可替代的作用，但煤矿长期开采活动也给矿山生态带来了严重破坏。通过对矿山地区生态环境治理和修复，使得矿山重新实现生态平衡，恢复到或接近自然状态，有效保障了矿区土地的可持续利用。

📑**专栏** 3-9　露天煤矿生态修复工程

位于中国内蒙古的黑岱沟、哈尔乌素大型露天煤矿，年产能达 6900 万吨，规模居世界前列。为修复当地煤矿生态，中国国家能源投资集团有限责任公司秉持"地貌重塑、土壤重构、植被重建、景观重现、生物多样性重组与保护"原则，探索建立水土流失控制、生态重构、复垦绿化标准化作业流程三大技术体系，大力推动煤矿生态修复，实现绿化面积 9.85 万亩，植被覆盖率由 25% 提高至 80% 以上，矿区生态系统实现正向演替、良性循环，生物多样性显著提升。

（a）修复前　　　　　　　　（b）修复后

露天煤矿生态修复前后

3.3.3　水电站增殖放流

鱼类增殖放流是修复水电站周边河段鱼类资源的主要手段。部分电力企业十分注重水电发展与生态保护相协调，积极开展鱼类增殖放流行动，加强珍稀特有鱼类驯养繁殖技术攻关，统筹流域生态系统功能实施精准放流，推动水电及周边区域水生态保护。

📑**专栏** 3-10　金沙江水电基地鱼类增殖放流

金沙江上游川藏段纳入栖息地保护的干流、支流保留自然河段长度达到 518 千米。中国华电集团有限公司在当地开发巴塘水电站同时，大力开展珍稀鱼类保护技术研究，攻克了高寒高海拔"收集保存—驯养繁殖—苗种培育—标记放流"全过程养殖技术难题，在该段区域累计放流硬刺松潘裸鲤、软刺裸裂尻鱼等达 407.5 万尾。

（a）增殖放流站　　　　　　　（b）举办增殖放流活动

金沙江水电基地鱼类增殖放流

3.3.4 实施珊瑚礁恢复

在全球气候变化和人类活动的影响下，海洋生态系统面临巨大压力。珊瑚礁作为海洋生态系统的关键组成部分，不仅为众多海洋生物提供了重要栖息地和繁殖场所，还具有丰富的生态功能和经济价值。部分电力企业在为经济社会发展提供安全可靠电力的同时，非常关注珊瑚礁对周边海域生态保护的重要意义，创新利用火电厂粉煤灰制作鱼类栖息所，实现了珊瑚礁的有效修复。

专栏 3-11　印尼肯达里火电厂周边海域珊瑚礁修复

印尼肯达里电厂位于苏拉威西省，为装机容量 2×56 兆瓦的沿海燃煤机组，采用海水循环冷却，承担了苏拉威西电网 60% 的电力供应。该火电厂为保护周边海域珊瑚礁群落，大力实施珊瑚礁恢复工程，深化与印尼哈利雷奥大学海洋渔业学院合作，对区域内珊瑚礁进行全面海域调查，了解珊瑚礁的现状、分布和生态问题，选取健康的珊瑚碎片或幼苗进行培育，并将培育好的珊瑚移植到受损区域，使珊瑚礁种群数量得到明显恢复，为海洋生物提供了更加适宜的生存环境。

珊瑚礁修复

04

推动能源—气候—生物多样
性协同治理政策建议

为加快以能源转型应对气候变化、保护生物多样性，统筹实现《巴黎协定》《昆蒙框架》目标，需要建立健全包容、普惠、共赢的能源—气候—生物多样性协同治理机制。本章从政策保障、资金支持、技术创新、国际合作、共同行动等五个方面，提出三者协同治理 14 项政策建议，为联合国、各国政府、国际组织、企业机构和社会公众等相关方提供决策参考和智力支持，促进能源转型与气候生态治理行动落地。

能源转型—气候变化—生物多样性协同治理理论框架

4.1

加强政策保障

政策保障是实现能源—气候—生物多样性协同治理的重要基础。单一领域政策法规难以应对能源—气候—生物多样性协同治理问题，需要推动三大领域相关政策法规相互支持、形成合力、协同增效。当前，能源、气候、生物多样性协同治理处于起步阶段，亟须在全球层面建立健全协同治理框架、在国家层面完善协同治理政策法律体系，为开展相关工作提供政策指引与法律保障。

4.1.1 全球层面建立协同治理框架

当前，国际社会在能源、气候、生物多样性领域分别建立了全球治理框架。其中，全球能源与气候协同治理政策法规相对完善，《京都议定书》《巴黎协定》等为各国推动能源转型和气候治理设定目标与行动，且具有法律约束力。但能源与生物多样性尚未建立协同治理机制，人们往往忽视能源对生物多样性的影响，认为二者彼此独立、互不相干，对二者协同治理的关注和行动不够。此外，气候与生物多样性协同治理也存在不足，例如：《联合国气候变化框架公约》（UNFCCC）与《联合国生物多样性公约》（CBD）的履约机制分割明显，两公约之间信息交流、数据分享渠道不畅；《昆蒙框架》并未就生物多样性减缓气候变化形成具有法律约束力的目标和行动。解决上述问题，亟须做好以下工作。

设立协同治理议题。充分整合和利用全球能源、气候、生物多样性领域现有国际治理平台，在联合国气候变化大会、生物多样性大会、清洁能源部长会议等重要国际会议上，通过举办主题边会等形式，推动设置能源—气候—生物多样性协同治理议题，如将能源转型作为联合国生物多样性大会的重要议题，推动各国政府、企业、机构对三者协同治理提升认识、加强合作、加快行动。

统筹协同治理目标。加强顶层设计，利用现有全球治理平台和国际合作机制，推动各方在综合考虑《巴黎协定》碳减排目标、《昆蒙框架》"双 30 目标"的基础上，制定能源—气候—生物多样性协同治理的短期目标和长期计划。同时，推动全球、地区和各国统筹协调、有序衔接能源、气候、生物多样性治理发展目标。例如，在制定国家能源转型目标时，兼顾国家自主减排贡献目标（NDC）、生物多样性保护目标。再例如，各国在更新 NDC 时，将生物多样性减缓气候变化的作用纳入考虑，并提升生物多样性保护的相关目标力度。

建立协同履约机制。 借助联合国政府间气候变化专门委员会（IPCC）与生物多样性和生态系统服务政府间科学政策平台（IPBES）间合作机制（见专栏 4-1），加快与国际能源署（IEA）、国际可再生能源署（IRENA）、合作组织（GEIDCO）等能源领域国际组织之间建立常态化沟通机制，加强沟通交流和信息共享，避免在制度机制、治理措施等方面发生冲突，并在科学研究、监测评估、能力建设等方面策划和推动具体项目，实现协同增效。

专栏 4-1　IPCC 与 IPBES 发布气候与生物多样性协同治理报告

《联合国气候变化框架公约》下成立的政府间气候专门委员会（IPCC）和《生物多样性公约》下成立的生物多样性和生态系统服务间政府科学政策平台（IPBES）分别是全球应对气候变化和保护生物多样性领域专业支撑机构。2020 年 12 月，两家机构开展首次合作，召集全球 50 位生物多样性和气候领域知名专家举办研讨会，并于 2021 年 6 月共同发布《生物多样性与气候相互作用的工作报告》，主要内容包含以下八个方面：

①生物多样性与气候变化相互作用的机理；

②气候变化对生物多样性的不利影响；

③如何降低气候变化对生物多样性的不利影响；

④生物多样性如何适应气候变化；

⑤土地利用、土地用途改变、发展林业等措施对减缓气候变化和保护生物多样性的意义；

⑥应对气候变化的行动可能对生物多样性造成的不利影响；

⑦发展清洁能源对生物多样性的影响；

⑧评价机制和激励措施。

4.1.2 国家层面强化政策法律保障

在全球协同治理框架下，各国应根据国情，出台相应法律法规和配套政策，加强相关领域规划协同和政府部门联动，为推动能源—气候—生物多样性协同治理提供坚强的政策法律保障。

加强立法保障。推动各国从填补空白、解决冲突、并行互补等角度出发，统筹制定和修订推动能源转型、应对气候变化、保护生物多样性的法律法规，并纳入国家发展规划和政策体系。例如，将生物多样性纳入环境评估相关法律，在编制和审批清洁能源开发、电网建设等能源转型和气候治理相关规划时，必须评估对生物多样性的影响，尽可能采取措施避免或减少可能造成的生态破坏和损失。再例如，推动各国将碳减排纳入地方政府的绩效考核体系，制定适应气候变化的考核指标，定期开展考核评价；考核指标体系中，应当将生物多样性保护、生态系统服务等作为关键指标，推动地方政府落实气候变化与生物多样性保护的协同治理。

推动规划协同。当前，一些国家初步形成了气候与生物多样性协同治理的总体规划。例如，中国出台《生物多样性保护协同应对气候变化的国家方案》、荷兰发布《生物多样性气候防护适应战略》等，但与能源转型相协同的政策规划尚未公布。世界各国亟须根据国情，以降低经济社会环境综合成本为目标，建立适应三者协同治理的系统性规划方式、项目成本—效益分析模型和标准化规划流程，从规划源头转变条块分割的发展模式，出台推动能源、气候与生物多样性协同治理的国家发展规划。

加强部门联动。各国政府在能源、气候、生物多样性领域，普遍存在管理主体多、资源和权力分散、跨部门协同不足等问题。亟须建立跨部门政策协调机制，推动不同政府部门"横向协同、纵向贯通"，建立高效协同的决策机制、运行机制和管理机制；在制定和出台相关政策时，加强能源、气候、生物多样性领域的政策衔接联动，解决政策取向不统一、执行碎片化等难题。

4.2

加强资金支持

加强资金支持是促进能源—气候—生物多样性协同治理的重要手段。目前，一些绿色项目虽然具有很强的生态环境效益，但经济收益相对较差，存在融资难、融资少的问题。据亚投行测算，目前能源转型、气候治理、生物多样性保护等领域资金缺口巨大，在充分发挥财政资金作用的同时，必须大力争取国际金融支持、加快发展绿色金融，为推动协同治理提供充足的资金保障。

4.2.1 发挥财政资金作用

在现阶段，财政资金仍是推动绿色项目实施的主要力量，要充分发挥引领带动作用。推动各国央行尽快推出支持可持续发展的货币政策工具，将"光伏治沙""固藻集鱼"等促进能源转型、减碳固碳、动植物保护的绿色项目纳入支持范围，为金融机构开展绿色信贷、绿色债券等业务提供低成本资金。推动设立国家和地方层面的专项基金，对实施绿色项目的企业给予补贴或奖励，同时设立融资担保基金和专门机构，与金融机构形成多方风险共担机制，撬动更多社会资本。

📋 专栏 4-2 中国人民银行碳减排支持工具

中国人民银行为支持碳达峰和碳中和目标，推出了碳减排支持工具这一结构性货币政策工具，旨在通过提供低成本资金，引导金融机构向清洁能源、节能环保、碳减排技术等重点领域提供贷款。

该工具通过"先贷后借"机制运作，即金融机构首先向符合条件的企业发放贷款，然后根据贷款情况向中国人民银行申请资金支持。中国人民银行对符合条件的贷款提供本金的60%低息资金支持，利率为1.75%，期限1年，可展期2次。此外，为确保政策的精准性和效果，中国人民银行要求金融机构公开披露碳减排贷款的相关信息，并由第三方机构进行核实验证，以接受社会监督。

该工具重点支持清洁能源、节能环保和碳减排技术三个领域。具体而言，清洁能源领域主要包括风力发电、太阳能利用、生物质能源利用、抽水蓄能、氢能利用、地热能利用、海洋能利用、热泵、高效储能（包括电化学储能）、智能电网、大型风电光伏源网荷储一体化项目、户用分布式光伏整县推进、跨地区清洁电力输送系统、应急备用和调峰电源等。节能环保领域主要包括工业领域能效提升、新型电力系统改造等。碳减排技术领域主要包括碳捕集、封存与利用等。

2023 年，中国人民银行宣布延续实施碳减排支持工具等多项结构性货币政策工具，以进一步扩大政策的惠及面，支持绿色金融发展。截至 2022 年 12 月末，通过这些政策工具，中国人民银行已支持金融机构发放了 5162 亿元人民币的符合要求的绿色贷款，有力推动绿色金融发展和经济绿色低碳转型。

专栏 4-3   "固藻集鱼"绿色项目

"固藻集鱼"是一种生态养殖模式，通过在海洋中培植海藻修复生态环境并发展生态养殖。这种模式不仅有助于恢复海洋生态，还能提高海洋生物多样性，同时为当地渔民带来经济效益。中国山东省长岛海洋生态文明综合试验区积极实践"固藻集鱼"模式，坚持生态效益、社会效益、经济效益并重，大力发展以海洋牧场为重点方向的现代渔业产业体系，先后经历了以投礁、播种、移株为主的海草场、海藻场建设，到改造海域环境、以聚鱼为主的海钓基地建设，再到以海洋牧场引领生态渔业发展的 3 个阶段。

海草床被誉为"海底草原"，与红树林、珊瑚礁并称三大典型近海海洋生态系统，是海洋生物的乐园和孕育的产床，更是全球重要的碳库，具有极高的生态价值。目前，试验区工作人员已完成海草播种面积 1.6 公顷，播撒种子 108 万粒，并完成移株 21.6 万株。附近近海区域资源渐渐恢复，螃蟹、八蛸、辣螺、帽螺等重现，东亚江豚种群（数量）恢复到 2000 头以上，成为吸引游客的金字招牌。多座配备了自动投饵机、水下自动洗网机器人、养殖大数据管理系统等智能化设备的海洋牧场也已矗立海中。这些海上牧场累计投放人工鱼礁 130 余万空方，增殖放流各类鱼苗 3000 余万尾。旅游业也随着海洋牧场的建设"游"向深海。长岛加大海洋牧场与休闲旅游产业融合发展力度，建设启用 14 处休闲渔业出海口，获批 11 处省级休闲海钓钓场和 11 处市级休闲渔业基地，建造海钓船 36 艘，打造了"渔业养殖＋休闲娱乐"的新型牧场综合体。

斑海豹现身山东长岛海域"固藻集鱼"海域

4.2.2 加强与国际金融机构合作

当前，国际上已建立全球环境基金（GEF）、绿色气候资金（GCF）、适应基金（AF）、全球生物多样性框架基金、全球发展和"南南合作"基金、丝路基金等绿色金融合作平台，同时，世界银行、亚洲开发银行、亚洲基础设施投资银行等国际金融机构也大力支持绿色金融发展。各国需要加强与国际金融机构合作，积极争取国际资金支持，降低绿色项目融资成本；同时还可以通过这些平台积极开展技术交流、能力建设等活动，提升能源转型、气候治理、生物多样性保护等方面的能力。

专栏 4-4　全球生物多样性框架基金

《生物多样性公约》第十五次缔约方大会（COP15）通过的《财务机制决定》等决议明确，由全球环境基金（GEF）[1]为实现《昆蒙框架》长期目标和行动目标设立"框架基金"。2023 年 8 月，GEF 第七届成员国大会在加拿大温哥华召开，185 个成员国代表同意设立"全球生物多样性框架基金"。大会期间，加拿大政府宣布向"框架基金"捐资 2 亿加元，英国宣布捐资 1000 万英镑。"框架基金"理事会成员有 32 名，其中 18 名来自发展中国家、14 名来自发达国家。

"框架基金"重点支持 8 个行动方向：

①生物多样性保护和修复，土地、海洋利用和空间规划；

②支持土著和地方社区对土地、领土和水域的管理；

③支持各国将生物多样性保护目标纳入其政策、法规和规划等；

④支持各国制修订"国家生物多样性融资计划"和"国家生物多样性战略与行动计划"，并推动多方面融资；

⑤支持各国完善政策法规，推进生物多样性可持续利用

---

[1] GEF 成立于 1991 年，是《生物多样性公约》及议定书的重要资金机制。

和保护；

⑥重点关注农业、林业、渔业和水产养殖、旅游业等行业发展对生物多样性影响，通过采取激励措施促进土地、海洋和资源可持续利用；

⑦加强对外来入侵物种的管理，有效进行风险管控；

⑧支持履行《卡塔赫纳生物安全议定书》《名古屋议定书》等能力建设活动。

"框架基金"资金分配 3 个原则：

①资金分配需根据融资情况进行滚动；

②资金分配应考虑到最不发达国家和小岛屿国家的特殊需求；

③全球生物多样性资源分布不均衡，资金分配时要考虑到一些地区对全球生物多样性保护的贡献潜力要大于其他地区。

4.2.3 大力发展绿色金融

推动绿色金融创新。推动各国政府将绿色金融纳入对金融机构的评价体系，引导和鼓励金融机构加强绿色金融创新，持续丰富绿色贷款、债券、基金、保险等绿色金融产品与服务，满足多元市场主体的多样化资金需求。同时，大力支持金融科技发展，推动人工智能、大数据、区块链等先进技术在绿色金融领域的研发、应用和推广，促进绿色金融数字化、智能化发展，助力绿色金融产品服务和业务场景创新升级。

完善绿色金融标准体系。推动各国政府持续完善绿色分类目录，对能源转型、碳减排、生物多样性保护等绿色活动进行界定，明确绿色金融的支持范围，建立健全经济、社会、环境核算方法和数据库，防止碳核算、信息披露等重点领域出现标准缺失、不统一等问题，提升金融机构的规范性、权威性和透明度。同时，加快研究制定产品服务、信用评估、风险管理等方面的绿色金融标准，保障绿色金融市场规范高效运行。

推动绿色金融标准互认互通。目前，各国在绿色分类目录、碳核算、信息披露等很多方面，存在绿色金融标准不统一、不协同的情况。例如，在绿色分类目录方面，中国明确支持核电发展，欧盟则对核电是否"绿色"存在争议。下一步，亟须推动绿色金融国际标准制定和互认互通，进一步降低跨境资金流通成本，促进国际绿色资本市场的发展和完善。

专栏 4-5　中国绿色分类目录建设情况

目前，中国存在中国人民银行的《绿色债券支持项目目录》（简称《绿债目录》）、国家发展改革委的《绿色产业指导目录》（简称《产业目录》）和银保监会的《绿色信贷统计标准》等三套绿色活动界定标准。它们在适用对象、项目范围、精细程度上存在差异，需要尽快统一。例如，相比《产业目录》，《绿债目录》删除了化石能源清洁利用相关的项目类别；《产业目录》和《绿债目录》详述了绿色经济活动的技术认定标准和参数要求，而《绿色信贷统计标准》仅提供了绿色经济活动的分类清单。

2019 年，中国作为创始成员国，参与欧盟发起的可持续金融国际平台（IPSF），其主要目标是动员私营部门积极参与绿色项目建设，为成员国推进绿色转型提供充足的资金保障。中国与欧盟通过 IPSF 加强绿色金融标准互认，在 2021 年 COP26 大会期间联合发布《可持续金融共同分类目录》，公布了双方共同认可的 61 项绿色经济活动清单，覆盖能源、制造、建筑、交通、固废和林业六大领域。2022 年 6 月，双方更新《可持续金融共同分类目录》，将另外 19 项绿色经济活动加入清单。目前，中欧双方认可的绿色经济活动重合度接近八成，但在能源、农业等领域仍存在一些差异。例如，中国明确支持核能装备制造和核电站建设，欧盟对核能是否属于清洁能源存在争议。

4.3

加强技术创新

加强技术创新是推动技术融合发展、促进产业转型升级的重要驱动力。实现能源—气候—生物多样性协同治理，需要围绕相关领域建立健全创新机制，将现有技术深度融合、集成创新，并在联合国框架下，推动各国携手加强技术合作、提升创新水平，共同促进前沿技术突破和推广应用。

4.3.1 完善创新机制

鼓励多学科交叉，在传统能源电力、气候环境等学科基础上，构建汇集系统科学、生物学、经济学等的综合性学科，建立跨领域、跨学科的联动创新机制和攻关体系，以绿色低碳为方向推动科学研究与技术创新，培养创新成果、培养复合型人才。加强"产学研用"协同，创建有利于行业跨界合作的公共服务平台，充分利用人、财、物、信息等要素，建立战略协同、知识协同和组织协同的横向联动机制，激发产业链各环节企业的内生创新动力，以重大工程示范为抓手加强创新成果转化。

4.3.2 加快技术突破

推动全球能源互联网发展合作组织、联合国政府间气候变化专门委员会（IPCC）、生物多样性和生态系统服务政府间科学政策平台（IPBES）等能源、气候、生物多样性等领域国际合作平台在技术层面加强对接，加快全球性和区域性联合创新实践。发挥企业、高校、科研院校等创新主体各自优势，打通创新主体间的各种壁垒，联合开展能源—气候—生物多样性协同治理领域基础理论、颠覆性技术研究，构建面向能源转型与生态保护的绿色低碳技术创新体系，在清洁能源发电与配置、电能替代、碳捕集与封存、极端天气灾害预测与适应、生物多样性监测保护等关键技术方面取得更大突破。

📑 专栏 4-6 中国生物多样性监测网络建设

中国建立起各类生态系统、物种的监测网络，如中国生态系统研究网络（CERN）、中国生物多样性观测网络（China BON）等，在生物多样性理论研究、技术示范与推广以及物种与生境保护方面发挥了重要作用，为科研、教育、科普、生产等各领域提供了多样化的信息服务与决策支持。

CERN 于 1988 年成立，目前在不同生态区建立了 44 个生态站，涵盖森林、草地、荒漠、湿地、农田和城市等生态系统类型，建成了由 48 个综合观测场、120 个辅助观测场、1100 个定位观测点和 15000 个固定调查样地组成的生态观测体系，开展气象、水文、土壤、生物等生态要素观测。

China BON 于 2011 年成立，目前建立了 380 个鸟类观测样区、159 个两栖动物观测样区、70 个哺乳动物观测样区和 140 个蝴蝶观测样区，累计布设样线和样点 11887 条（个），每年获得 70 余万条观测数据，掌握重点区域物种多样性变化的第一手数据。

4.3.3 加强标准协同

以全球能源互联网发展合作组织、国际标准组织（ISCO）、国际电工委员会（IEC）等机构为平台，协调各国企业、研究机构等协同制定以全球能源互联网应对气候变化、保护生物多样性相关国际标准，建立技术标准体系定期发布、滚动修编等工作机制。联合有关国家、企业、大学、组织机构等，研究制定以能源转型促进气候与生物多样性协同治理相关技术研发、工程建设、装备制造、运行维护、市场交易等各环节技术标准和规程。

4.4

加强国际合作

加强国际合作是解决能源、气候、生物多样性保护等全球性挑战的重要途径。这些问题不属于任何单一国家或地区能力范畴，需要联合国、各国政府、国际组织、企业机构、社会团体和公众共同参与。可通过成立专门机构、加大国际援助、推动技术转移等多种形式加快国际合作，最大化保护全球的公共利益。

4.4.1 成立专门机构

推动各大洲有关国家在能源—气候—生物多样性协同治理领域发起成立全球性或区域性专门机构，将以能源转型减缓气候变化、保护生物多样性价值观充分纳入地区和本国各级政策法规、战略规划、环境影响评估等方方面面，确保所有活动和资金流动都符合该价值观。同时，依托区域性组织，搭建各国对话、研讨、行动的合作平台，统筹开展规划研究、项目对接、资金筹措等工作，促进资源共享、优势互补、合作共赢。

4.4.2 加大国际援助

强化援助工作统筹。推动发达国家在能源、气候、生物多样性治理领域向欠发达国家提供援助，特别是对最不发达国家、小岛屿发展中国家在清洁发展技术和能力建设等方面提供支持。广大欠发达国家积极设立能源—气候—生物多样性协同治理部门，对接国际社会援助，整合各方资源和力量，提升以能源转型应对气候变化、保护生物多样性相关援助工程实施成效。

制定扶贫专项计划。很多欠发达国家电力基础设施薄弱，仅依靠自身力量难以平衡国家发展与生态环保关系。可将能源转型行动与各国扶贫帮困、电力普及、加快减排、改善生态等工作紧密结合，在各国政府层面建立国际合作对接机制，鼓励资助资源丰富、经济落后地区企业和私营部门大力发展清洁能源，将其资源优势转化为经济优势，从根本上改变有关地区能源发展方式，促进地区碳减排与生态保护。

设立专项援助基金。推动发达国家设立专项基金，向欠发达国家提供中长期无息或低息贷款，促进欠发达国家建设清洁能源开发和电网互联项目，推动碳减排和生物多样性保护。推动欠发达国家充分借助现有国际政策性金融机构力量筹措资金，弥补重大能源电力、生态工程、绿色发展项目资金需求大、建设周期长和投资回报慢等不足。

4.4.3 推动技术转移

面对日益突出的技术发展不平衡问题，需要发达国家研发新技术的同时，加强成果分享，在全球范围内建立区域技术合作中心，通过技术援助、商业咨询等方式向欠发达国家和地区进行技术转移，支持当地有针对性地开展技术研发、装备制造、工程建设以及商业运营，让更多国家和地区人民共享绿色低碳发展红利。广大欠发达国家需要加快提升对来自发达国前沿技术承接能力，并从应用和实践角度，更广泛参与全球创新合作。

4.5

加强共同行动

面对能源转型日益迫切、气候变化不断加剧、生物多样性持续丧失的严峻形势，必须立刻采取积极行动，促进示范项目落地，创新商业模式，构建区域性和全球性电碳联合市场，推动能源—气候—生物多样性协同治理加快实施。

4.5.1 推动项目示范

加强本国或地区性能源—气候—生物多样性协同治理示范项目开发，组织能源、环保、生态领域相关机构共同推进项目挖掘、可行性研究、项目库建设、资金筹措等各项前期工作。强化政府、国际组织在推动示范项目实施中的引导推动作用，开展资源统筹配置、创新要素投入和宣传动员等工作，对项目立项、方案设计、实施执行、成果评价等各个阶段提供必要的支持和帮助，协调各国加快推进项目建设，提升建设质量和效率。

4.5.2 创新商业模式

发展"生态环境 + 产业"模式。推动公益性较强、收益性差的生态环境项目，与收益性较好的关联产业有效融合，如"漂浮电站 + 水产养殖""光伏治沙 + 绿色畜牧"等，将生态环境治理产生的经济价值内部化，提升项目经济性，提高投资吸引力。"生态环境 + 产业"模式可能早期仍需以财政支持为主，如设立产业发展基金、提供财政补贴等，后期随着经济效益逐步显现，更多金融机构和企业将积极加入，推动产业规模化发展。

发展生态系统服务付费模式。 探索建立市场化的生态系统保护补偿机制，对生态产品价值开展标准化评估，推动生态产品可交易、可抵押、可变现，促使生态环境保护者受益、使用者付费、破坏者赔偿。例如，企业造林会产生碳汇远期收益、林地开发权等生态产品；金融机构可以此作为授信依据，向企业提供贷款。再如，中国、美国等国家提出"湿地银行"模式，即湿地保护者通过恢复、保护现有湿地或新建湿地产生"湿地信用"，开发商通过受政府监管的交易平台向湿地保护者购买"湿地信用"，用来向湿地保护者提供相应的经济补偿。

专栏 4-7　湿地银行

湿地银行不是传统意义上的金融机构，而是一种生态补偿机制，通过构建平台，允许湿地开发者在开发前购买一定的湿地信用来抵消对湿地生态系统造成的损失。湿地银行的运行机制主要包括以下方面：

（1）**湿地信用的产生：** 湿地保护者通过恢复、保护现有湿地或新建湿地产生湿地信用。

（2）**市场化交易：** 湿地信用通过市场化手段出售给对湿地造成损害的开发者，主办者从中获得收益。

（3）**政府监管：** 湿地银行的设立、湿地信用评估、湿地开发等均受到政府的审核与监管。

（4）**资金保障：** 湿地银行通过保证金、保险费、抵押等方式，确保补偿到位，实现湿地"零净损失"的政策目标。

4.5.3 构建电碳市场

发挥全球能源互联网平台及数据优势，建立电力与碳排放权联合交易平台，借助市场化手段实现全球能源资源优化配置，促进清洁电力发展并加速碳减排和生态保护。加强电力交易与碳交易规则顶层设计，促进电力与碳市场的现货和衍生品交易协同融合，吸引多元化市场主体，提高市场效益和价值贡献。完善市场管理体系，逐步形成规范的电碳联合市场交易规则和运行规则，引导全球绿色资金和交易主体持续进入清洁发展领域。健全市场监管机制，统一电力与碳交易市场信息披露和运行监督。

专栏 4-8　电碳融合市场总体框架研究

全球能源互联网发展合作组织开展电碳市场相关创新研究，发布《全球电—碳市场研究报告》。研究认为，**电碳市场**是由电能生产、配置、消费的各类主体通过竞价方式对电碳产品及其相关服务进行交易的市场机制，是电力市场和碳市场在管理机构、交易产品、运行模式等方面的深度整合，具有开放性、竞争性、协同性等特征，为促进能源转型和碳减排提供了可复制、可核查、可统计的解决方案。其中，**电碳产品**是叠加了碳成本的电力商品，其核心是电，依托电力系统开展碳计量、碳追踪，将企业发电行为与碳价格挂钩，企业减排行为与清洁用电挂钩，形成电为核心的新型交易产品。

在生产环节，发电企业出售电碳产品时，同时完成电能交易和碳排放交易，通过碳价格的动态调整提升清洁能源的市场竞争力，促进清洁替代。

在配置环节，电网企业推动互联互通，促进优质、低价清洁能源大规模开发、大范围配置、高比例使用。

在消费环节，工业、建筑、交通等领域用能行业与电力行业协调联动，用能企业在能源采购时承担碳排放成本，形成清洁电能对化石能源的价格优势；同时，用能企业通过低碳技术研发创新、升级改造等活动不断降低生产过程碳排放，获得用能补贴，激励电能替代和电气化发展。

在金融领域，金融机构开发多元化电碳金融产品，提供电碳金融期货、期权、远期合约等衍生品交易，为交易各方提供避险工具，并向市场提供资产管理与咨询服务，增强市场活力。

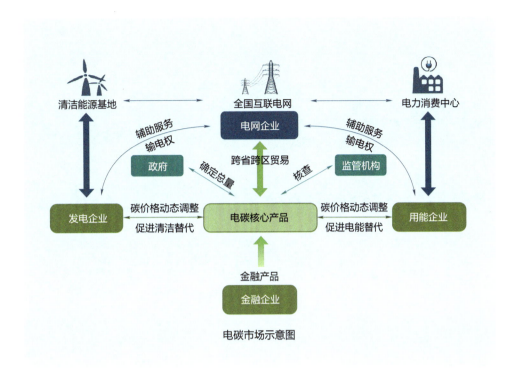

电碳市场示意图

图书在版编目（CIP）数据

能源—气候—生物多样性协同治理 / 辛保安主编 .
北京：中国电力出版社，2025. 5. -- ISBN 978-7-5198-
9876-2

Ⅰ . TK01

中国国家版本馆 CIP 数据核字第 2025DZ0674 号

出版发行：中国电力出版社

地　　址：北京市东城区北京站西街 19 号（邮政编码 100005）

网　　址：http://www.cepp.sgcc.com.cn

责任编辑：孙世通　柳　璐

责任校对：黄　蓓　于　维

装帧设计：锋尚设计

责任印制：钱兴根

印　　刷：北京博海升彩色印刷有限公司

版　　次：2025 年 5 月第一版

印　　次：2025 年 5 月北京第一次印刷

开　　本：889 毫米 ×1194 毫米　16 开本

印　　张：5

字　　数：80 千字

定　　价：50.00 元

版 权 专 有　侵 权 必 究

本书如有印装质量问题，我社营销中心负责退换